电子电路识图从入门到精通

韩雪涛　主编

吴　瑛　韩广兴　副主编

化学工业出版社

·北京·

内容简介

本书采用全彩图解的方式,从电子电路识图基础入手,全面系统地介绍电子电路识读的专业知识和电子电路识读案例,主要内容包括:电子电路识图基础、电子元器件识读、常用电气部件识读、基本电子电路识读、基本放大电路识读、基本单元电路识读、传感器与微处理器电路识读和电子电路识读案例。

本书内容全面实用,案例丰富,图解演示,易学易懂,大量实用案例的讲解帮助读者举一反三,解决工作中的实际问题。同时,对关键知识和技能增加微视频讲解,读者扫描书中二维码即可观看,视频配合图文讲解,轻松掌握识图技能。

本书可供电工、电子技术人员及电气维修、设计人员学习使用,也可作为职业院校相关专业培训教材。

图书在版编目(CIP)数据

电子电路识图从入门到精通 / 韩雪涛主编 . —北京:
化学工业出版社,2021.9(2024.5重印)
ISBN 978-7-122-39488-0

Ⅰ.①电… Ⅱ.①韩… Ⅲ.①电子电路-识图
Ⅳ.①TN710

中国版本图书馆CIP数据核字(2021)第132578号

责任编辑:李军亮　徐卿华　　　　　　文字编辑:宁宏宇　陈小滔
责任校对:宋　夏　　　　　　　　　　装帧设计:关　飞

出版发行:化学工业出版社(北京市东城区青年湖南街13号　邮政编码100011)
印　　装:河北京平诚乾印刷有限公司
787mm×1092mm　1/16　印张16　字数397千字　2024年5月北京第1版第5次印刷

购书咨询:010-64518888　　　　　　售后服务:010-64518899
网　　址:http://www.cip.com.cn
凡购买本书,如有缺损质量问题,本社销售中心负责调换。

定　　价:78.00元

前言

电子电路识图是电工电子技术人员必须要掌握的基础技能。无论从事电子设计、电子产品装配、调试还是电子产品维修，甚至从事电工相关领域的工作，都需要具备一定的电子电路知识，特别是随着现代电子智能化的不断升级，电子产品的电路结构越来越复杂，掌握过硬的电子电路识图技能就显得尤为重要。

电子电路识图的学习不是单纯的理论学习，要真正掌握识图的方法和技巧，才能应用于实际工作。

针对以上情况，我们根据国家相关职业标准，按照岗位技术要求，特别组织编写了《电子电路识图从入门到精通》。本书从电子电路识图基础入手，对电子电路识图的专业知识和实用技能进行了详细讲解，主要内容包括电子电路识图基础、电子元器件识读、常用电气部件识读、基本电子电路识读、基本放大电路识读、基本单元电路识读、传感器与微处理器电路识读和电子电路识读案例。本书的最大特色就是将知识与技能紧密结合，通过图解演示讲解电子电路识图的方法和技巧，并给出大量实际案例供读者练习，达到实战的效果。

在编写方式上，本书采用图解的方式，将专业知识和技能通过图解演示的方式呈现，让读者一看就懂，一学就会。对于结构复杂的电路，通过图解流程演示讲解的方式，让读者跟随信号流程完成对电路控制关系的识读，最终达到对电路的理解，不仅充分调动了读者的主观学习能动性，同时大大提高了学习效率。

另外，本书对关键知识和技能采用了"微视频"的教学模式，读者通过手机扫描书中二维码即可打开相关视频，观看图书相应内容的有声讲解及关键知识和技能的演示操作。

需要说明的是，本书所选用的多为实际工作案例，电路图纸很多都是原厂图纸，电路图中所使用的图形及文字符号与厂家实物标注一致（各厂家的标注不完全一致），为了便于学习和查阅，本书对电路图中不符合国家标准规定的图形及文字符号不作修改，在此特别加以说明。

本书由数码维修工程师鉴定指导中心组织编写，韩雪涛任主编，吴瑛、韩广兴任副主编，参加编写的人员由行业工程师、高级技师和一线教师组成。

由于水平有限，编写时间仓促，书中难免会出现疏漏，欢迎读者指正，也期待与您的技术交流。

数码维修工程师鉴定指导中心

联系电话：022-83718162/83715667/13114807267

E-Mail：chinadse@163.com

地址：天津市南开区榕苑路 4 号天发科技园 8-1-401

邮编：300384

编　者

目录

视频讲解目录

第1章 ▶▶▶
电子电路识图基础

1.1　电子电路图的应用范围

　　电子电路图是电子产品的"档案"。能够读懂电子电路图，就能够掌握电子产品的性能、工作原理以及装配和检测方法。因此，学习电子电路识图是从事电子产品生产、装配、调试及维修的关键环节。

　　电子电路的种类很多，根据电子电路应用行业领域的不同，常用的电路图主要有电原理图、方框图、元件分布图、印制线路板图和安装图五种类型。

1.1.1　电路原理图

　　电路原理图是最常见到的一种电子电路图（俗称的"电路图"主要就是指电原理图），它是由代表不同电子元器件的电路符号构成的电子电路。

　　电路原理图的典型实例见图1-1。

　　由于这种电路图直接体现了电子电路的结构和工作原理，因此一般应用于电子产品电路的设计、分析、检测和维修等领域。

1.1.2　方框图

　　方框图是一种用方框、线段和箭头表示电路各组成部分之间相互关系的电路图，其中每个方框表示一个单元电路，线段和箭头则表示单元电路间的关系和电路中信号走向，有时也称这种电路图为信号流程图。

　　方框图的典型实例见图1-2。从图中可以看出，方框图是一种重要的电路图，对了解系统电路组成和各单元电路之间逻辑关系非常有用。方框图一般较电路原理图更为简洁，逻辑性强，便于记忆和理解，可直观地看出电路的组成和信号的传输途径，以及信号在传输过程中的处理过程等。

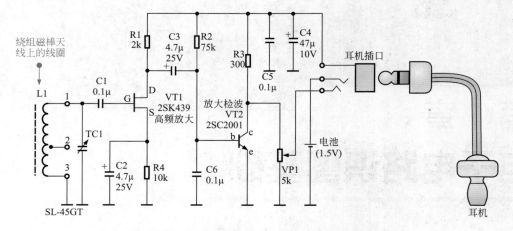

图1-1　电路原理图的典型实例（小型收音机电原理图）

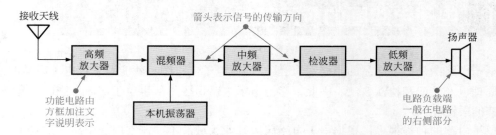

图1-2　方框图的典型实例（收音机整机电路方框图）

1.1.3　元件分布图

元件分布图是一种直观表示实物电路中元器件实际分布情况的图纸资料。

元件分布图的典型实例见图1-3。由图可知，元件分布图与实际电路板中的元件分布情况是完全对应的，该类电路图简洁、清晰地表达了电路板中所有元件的位置关系。

1.1.4　印制线路板图

印制线路板图是一种布线图，是制作印制电路板的图纸。

印制线路板图的典型实例见图1-4。印制线路板图一般只包含印制线路和接点，不绘出元件的符号和代号。

1.1.5　安装图

安装图是用于指导电子产品机械部件、整机组装的简图。整机安装图能够帮助组装技术人员按照图纸进行组装。

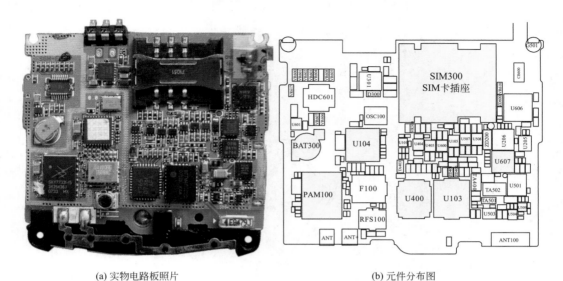

(a) 实物电路板照片　　　　　　　　　　(b) 元件分布图

图 1-3　元件分布图的典型实例

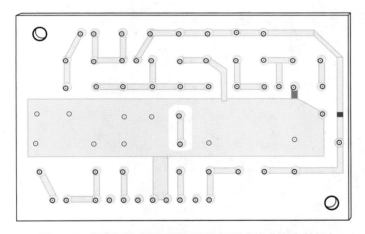

图 1-4　典型电子产品的印制线路板图（小功率发射机）

　　安装图可以分为机械传动部件安装图和整机组合安装图，其中机械传动部件安装图是用来分解电子产品机械传动部件之间关系的图纸，通过机械传动部件安装图，组装技术人员可以将机械传动部件之间进行关联，使其实现机械功能；而整机组合安装图则是用来分析电子产品各零部件之间的关系，组装技术人员通过各零部件之间的联系，可以将零散的部件组合成用户能够使用的电子产品。

　　安装图的典型实例见图 1-5。从图中可以知道彩色电视机及整机外壳、显示部件、电路板、扬声器等各零部件之间的安装关系。通过该安装图，可以指导安装人员准确地安装彩色电视机的各个部件。

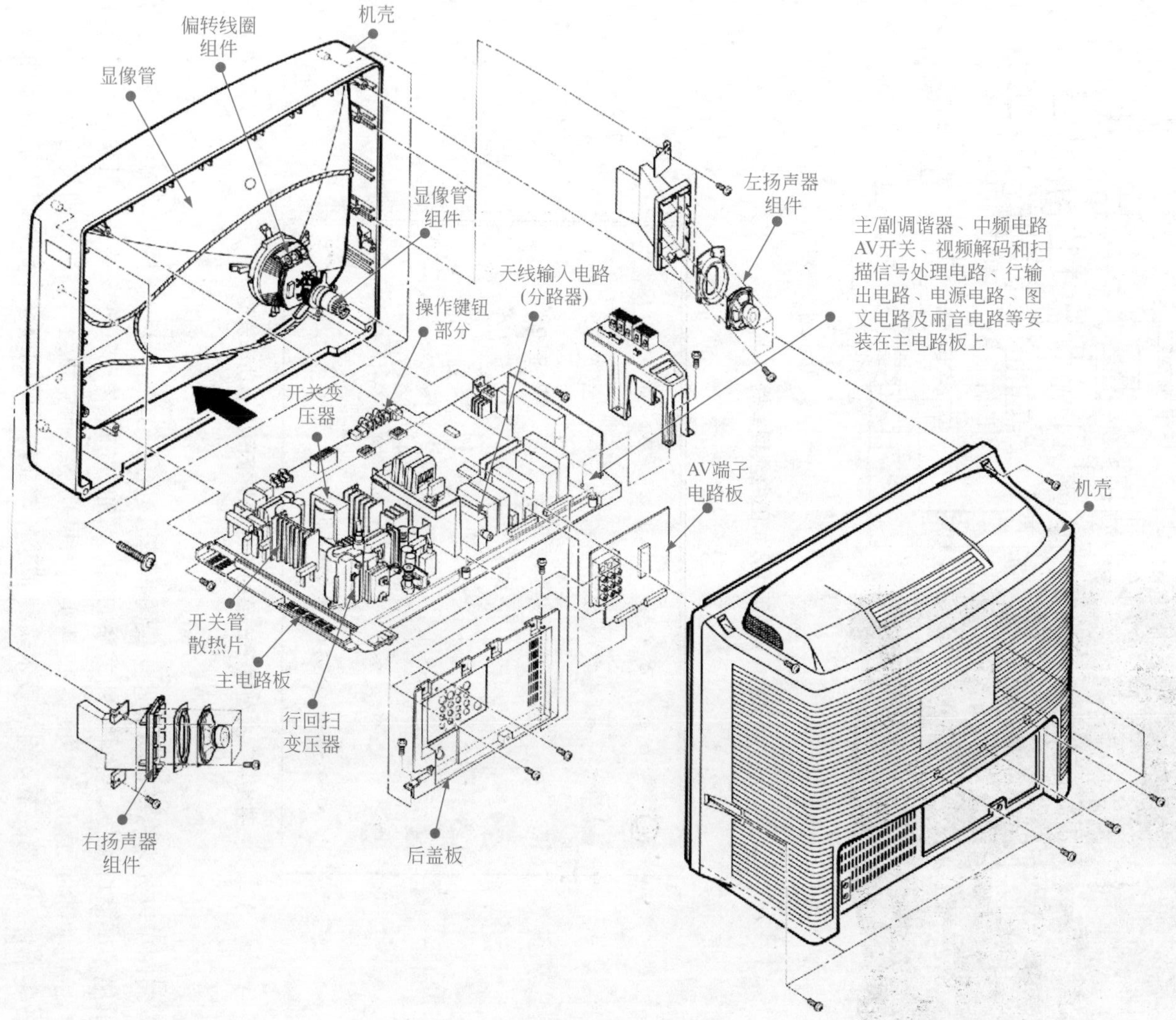

图 1-5　彩色电视机整机组合安装图

机壳

主副调谐器、中频电路、AV开关、视频信号处理电路、视频解码和扫描信号处理电路、行输出电路、电源电路、图文电路及丽音电路等安装在主电路板上

左扬声器组件

AV端子电路板

天线输入电路（分路器）

操作键钮部分

后盖板

显像管组件

机壳

开关变压器

行回扫变压器

偏转线圈组件

开关管散热片

主电路板

显像管

右扬声器组件

1.2 电子电路识图规律与技巧

在识读电子电路时，了解了电子电路的种类和特点，明确识图所包含的内容，还应掌握一定的识图要领和步骤，为学习电子电路识图理清思路。

1.2.1 电子电路识图要领

（1）从元器件入手学识图

电路板上的电子元器件的标示和电路符号见图1-6。

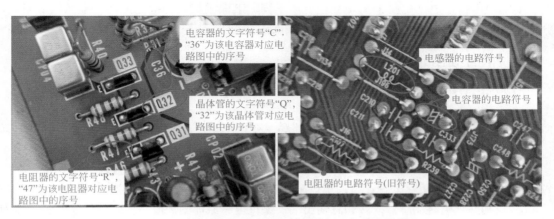

图1-6　电路板上的电子元器件的标示和电路符号

【提示】▶▶▶

在电子产品的电路板上有不同外形、不同种类的电子元器件，电子元器件所对应的文字标识、电路符号及相关参数都标注在了元器件的旁边。

电子元器件是构成电子产品的基础，即任何电子产品都是由不同的电子元器件按照电路规则组合而成的。因此，了解电子元器件的基本知识，掌握不同元器件在电路图中的电路表示符号，以及各元器件的基本功能特点是学习电路识图的第一步。这就相当于学习文章之初，必须先识字，只有将常用文字的写法和所表达的意思掌握了，才能进一步读懂文章。

（2）从单元电路入手学识图

单元电路就是由常用元器件、简单电路及基本放大电路构成的可以实现一些基本功能的电路，它是整机电路中的单元模块。例如，串并联电路、RC电路、LC电路、放大器、振荡器等。

如果说电路符号在整机电路中相当于一篇"文章"中的"文字"，那么单元电路就是"文章"中的一个"段落"。简单电路和基本放大电路则是构成段落的词组或短句。因此从电源电路入手，了解简单电路和基本放大电路的结构、功能、使用原则及应用注意事项对于电路识图非常有帮助。

（3）从整机入手学识图

电子产品的整机电路是由许多单元电路构成的。在了解单元电路的结构和工作原理的同时，弄清电子产品所实现的功能以及各单元电路间的关联，对于熟悉电子产品的结构和工作原理非常重要。例如，在许多影音产品中，包含有音频、视频、供电及各种控制等多种信号。如果不注意各单元电路之间的关联，单从某一个单元电路入手，很难弄清整个电路的结构特点和信号流向。因此，从整机入手，找出关联，理清顺序是最终读懂电路图的关键。

1.2.2 电子电路识图步骤

不同的电路，电子电路识图步骤也有所不同，下面根据电子电路应用行业领域的不同，分别介绍电原理图、方框图、元件分布图、印制线路板图和安装图的识图步骤。

（1）电原理图的识图步骤

电原理图的识读可以按照如下四个步骤进行。

① 了解电子产品功能 一个电子产品的电路图，是为了完成和实现这个产品的整体功能而设计的，首先搞清楚产品电路的整体功能和主要技术指标，便可以在宏观上对该电路图有一个基本的认识。

电子产品的功能可以根据其名称了解，比如收音机的功能是接收电台信号，处理后将信号还原并输出声音的信息处理设备；电风扇则是将电能转换为驱动扇叶转动的机械能的设备。

② 找到整个电路图总输入端和总输出端 整机电路原理图一般是按照信号处理的流程为顺序进行绘制的，按照一般人读书习惯，通常输入端画在左侧，信号处理为中间主要部分，输出则位于整张图纸的最右侧部分。比较复杂的电路，输入与输出的部位无定则。因此，分析整机电路原理图可先找出整个电路图的总输入端和总输出端，即可判断出电路图的信号处理流程和方向。

③ 以主要元器件为核心将整机电路原理图"化整为零" 在掌握整个电路原理图的大致流程基础上，根据电路中的核心元件将整机划分成一个一个的功能单元，然后将这些功能单元对应学过的基础电路，再进行分析。

④ 最后各个功能单元的分析结果综合"聚零为整" 每个功能单元的结果综合在一起即为整个产品，即最后"聚零为整"，完成整机电路原理图的识读。

收音机整机电路原理图的单元电路划分见图1-7。

【提示】▶▶▶

根据整机电路原理图中的主要功能部件和电路特征，可以将该电路划分成五个电路单元：高频放大电路、本机振荡电路、混频和中放电路、中频放大电路、中放和检波电路。然后可以更加细致地完成对电路原理和信号处理过程的分析。

（2）方框图的识图步骤

识读方框图时一般可按如下步骤进行。

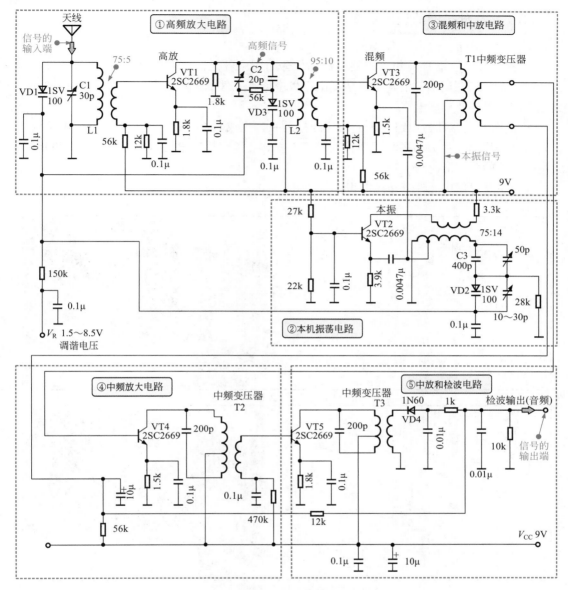

图1-7 收音机整机电路原理图及划分

① 分析信号传输过程 了解整机电路图中的信号传输过程,主要是看方框图中箭头的指向。箭头所在的通路表示了信号的传输通路,箭头的方向指出了信号的传输方向。

② 熟悉整机电路系统的组成 由于具体的电路比较复杂,所以会用到方框图来完成。在方框图中可以直观看出各部分电路之间的相互关系,即相互之间是如何连接的。特别是控制电路系统中,可以看出控制信号的传输过程、控制信号的来源及所控制的对象。

③ 对方框图中集成电路的引脚功能进行了解 一般情况下,在分析集成电路的过程中,由于在方框图中没有集成电路的引脚作为资料时,可以借助于集成电路的内电路方框图进行了解、推理引脚的具体作用,特别是可以明确了解哪些是输入引脚、输出引脚和电源引脚,而这三种引脚对识图非常重要。当引脚引线的箭头指向集成电路外部时,是输出引脚,箭头指向内部时是输入引脚。

（3）元件分布图的识图步骤

识读元件分布图时可分为以下几个步骤。

① 找到典型元器件及集成电路　在元件分布图中各元器件的位置和标识都和实物相对应，由于该电路图简洁、清晰地表达了电路板中所有元件的位置关系，所以可以很方便地找到相应的元器件及集成电路。

② 找出各元器件、电路之间的对应连接关系，完成对电路的理解　电子产品电路板中，各元器件是根据元件分布图将元器件按对应的安装位置焊接在电路实物板中的，因此元件分布图中元件的分布情况与实物完全对应。

红外线发射器中元件分布图的识读方法见图1-8。

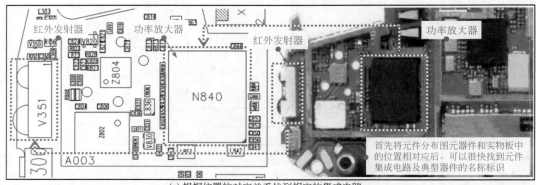

(a) 根据位置的对应关系找到相应的集成电路

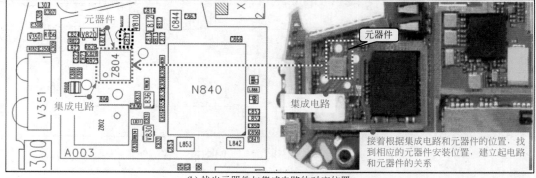

(b) 找出元器件与集成电路的对应位置

图1-8　红外线发射器中元件分布图的识读方法

【提示】▶▶▶

通过元件分布图可以非常清楚地查找到各个元件在电路中的安装位置。这在电路组装、调试维修中都是非常重要的识图内容。

（4）印制线路板图的识图步骤

① 找到线路板中的接地点　在印制线路板中找地线时，可以明显看到大面积铜箔线路是地线，一块电路板上的地线是处处相连的。

印制线路板识读接地点见图1-9。

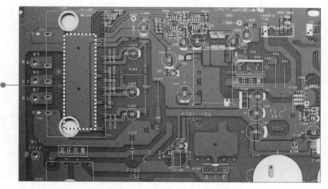

右图为典型印制线路板图，在找其接地点时，可以明显看到有相对较大面积的铜箔线，这些则为线路板中的接地点

图1-9　根据印制线路板找到接地点

【提示】▶▶▶

有些元器件的金属外壳接地，在找接地点时，上述任何一点都可以作为接地点，在电路及信号检测时都以接地点为基准。

②　找到印制线路板图的线路走向　了解电路板上的元器件与铜箔线路的连接情况，铜箔线路的走向，也是在识图时必要的步骤。

找到印制线路板图的线路走向见图1-10。通过印制线路板查询线路的走向，这在电子产品调试、检验和维修过程中十分常用。

1 由于在印制线路板中可以看出铜箔线的连接情况，这样就很方便地通过铜箔线将电路板上元器件与元器件之间连接的引脚找出来

3 根据铜箔线的连接可以看出此处有断开，但有元器件的引脚焊点，则表示在这条铜箔线中安装有元器件或集成芯片

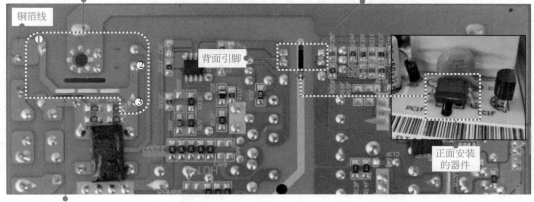

铜箔线

背面引脚

正面安装的器件

2 不同元器件的引脚可以通过铜箔线连接起来，例如图中不同元器件的①脚、②脚和③脚都是通过铜箔线连接起来的，它们相当于一个点

图1-10　找到印制线路板图的线路走向

（5）安装图的识图步骤

学会识读安装图是组装技术人员必备的一种能力，在设计、安装、调试以及进行技术交

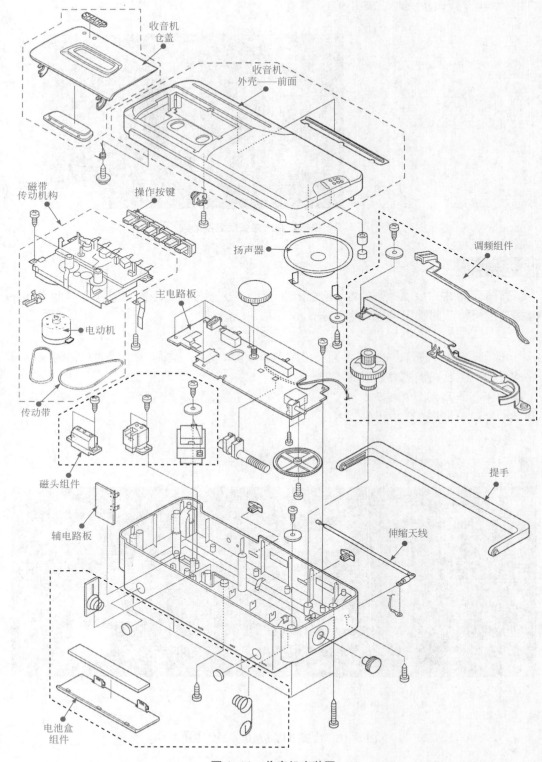

收音机
仓盖

收音机
外壳——前面

磁带
传动机构

操作按键

扬声器

调频组件

主电路板

电动机

传动带

磁头组件

辅电路板

提手

伸缩天线

电池盒
组件

图 1-11　收音机安装图

电子电路识图从入门到精通

流时，都要用到安装图。在识读时首先要认识各元器件及能够找出来，接着要了解各部件的功能，最后找出各器件的装配关系。

识读安装图一般可按如下步骤进行。

① 找到典型的元器件　安装图是用于指导电子机械部件和整机组装的一份简图，其中对元器件的认识是非常重要的步骤之一，只有对各元器件的结构和外形都掌握了，才可以很快找到典型的元器件。

② 弄清各器件之间的相对位置、装配关系　在识读安装图中最重要的是将"零散"的器件通过线路组接到一起，完成整机的装配，所以正确安装各器件的位置也要遵循整机布线图中的装配关系。

【提示】▶▶▶

在识读安装图时，需要了解各种元器件的功能及工作原理，方便对元器件的区分认识。同时，还需要了解各部件的连接、固定方式，这样会给组装整机带来帮助。

收音机安装图见图1-11。收音机主要是由印制电路板和机械传动部件组成的，其中机械传动部件是比较复杂的，在对其安装图进行识读时，首先对应好相应的元器件。通过对该安装图的识读，可以指导安装人员按照元器件的位置对电子产品进行安装。

收音机操作按键及电路板部件安装图见图1-12。由图可知各个操作按键的安装方式及安装位置，通过该安装图，可以指导装配人员准确安装收音机的各个部件。

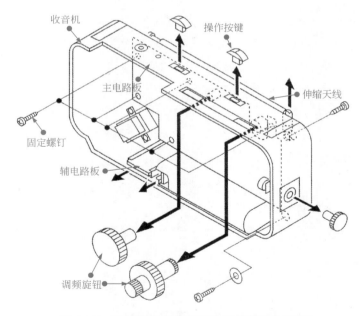

图1-12　收音机操作按键及电路板部件安装图

收音机调频显示部件安装图见图1-13。由图可知调频显示部件的安装方式，通过该安装图，能够准确地安装收音机的调频显示部件。

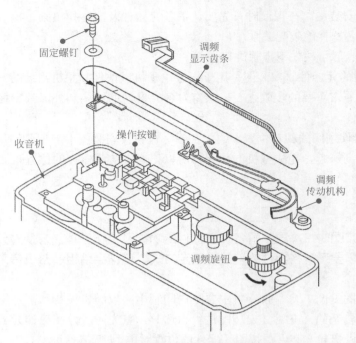

固定螺钉

调频
显示齿条

收音机

操作按键

调频
传动机构

调频旋钮

图 1-13 收音机调频显示部件安装图

第2章 ▶▶▶
电子元器件识读

2.1 电阻器

2.1.1 认识电阻器

电阻器的
种类特点

电阻器是电子产品中最基本、最常用的电子元器件之一。它利用自身对电流的阻碍作用，可以通过限流电路为其他电子元器件提供所需的电流，通过分压电路为其他电子元器件提供所需的电压

电阻器的种类很多，根据功能和应用领域的不同，主要可以分为阻值固定电阻器和阻值可变电阻器两大类。如图 2-1 所示为常见的电阻器。

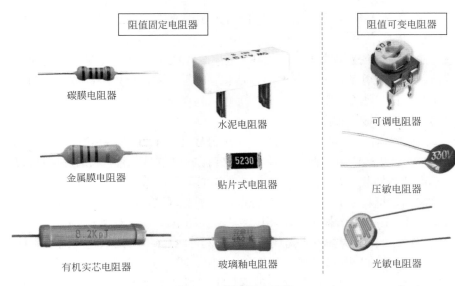

图 2-1　常见的电阻器

（1）阻值固定电阻器

阻值固定电阻器通常按照结构和外形可分为碳膜电阻器、金属膜电阻器、金属氧化膜电阻器、合成碳膜电阻器、玻璃釉电阻器、水泥电阻器、排电阻器、熔断电阻器以及实芯电阻器。下面分别介绍各电阻器的特点。

① 碳膜电阻器　碳膜电阻器的电路符号是"—▭—"，在电路中的名称标识通常为"R"或"RT"。这种电阻器的电压稳定性好、造价低，在普通电子产品中应用非常广泛。

碳膜电阻器的实物外形见图2-2。碳膜电阻器是将碳在真空高温的条件下分解的结晶碳蒸镀沉积在陶瓷骨架上制成的，通常采用色环标注法标注阻值。

② 金属膜电阻器　金属膜电阻器的电路符号是"—▭—"，在电路中的名称标识通常为"R"或"RJ"。与碳膜电阻器相比，它的电压稳定性更好，同等条件下的体积也比碳膜电阻器小很多，但是它的脉冲负荷稳定性差，造价也较高。

金属膜电阻器的实物外形见图2-3。金属膜电阻器就是将金属或合金材料在真空高温的条件下加热蒸发沉积在陶瓷骨架上制成的电阻（不过合金材料也可以采用化学沉积和高温分解等其他方法制作，但采用最多的方法还是蒸镀法）。金属膜电阻器一般采用色环标注法标注阻值。

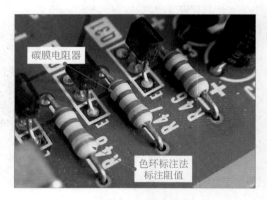

图2-2　碳膜电阻器

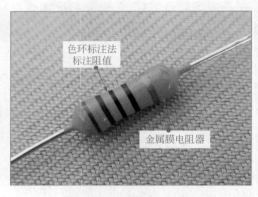

图2-3　金属膜电阻器

③ 金属氧化膜电阻器　金属氧化膜电阻器的电路符号是"—▭—"，在电路中的名称标识通常为"R"或"RY"。

金属氧化膜电阻器的实物外形见图2-4。金属氧化膜电阻器是将锡和锑的金属盐溶液进行高温喷雾沉积在陶瓷骨架上制成的。因为是高温喷雾技术，所以它的膜层均匀，与陶瓷骨架结合得结实且牢固，比金属膜电阻器更为优越，具有抗氧化、耐酸、抗高温等特点。金属氧化膜电阻器采用色环标注法标注阻值。

④ 合成碳膜电阻器　合成碳膜电阻器的电路符号是"—▭—"，在电路中的名称标识通常为"R"或"RH"。合成碳膜电阻器是一种高压、高阻的电阻器，通常它的外层被玻璃壳封死。

合成碳膜电阻器实物外形见图2-5。合成碳膜电阻器通常采用色环标注法标注阻值，这种电阻器是将炭黑、填料还有一些有机黏合剂调配成悬浮液，喷涂在绝缘骨架上，再进行加热聚合而成的。合成碳膜电阻器采用色环标注法标注阻值。

⑤ 玻璃釉电阻器　玻璃釉电阻器的电路符号是"—▭—"，在电路中的名称标识通常为"R"或"RI"。这种电阻具有耐高温、耐潮湿、稳定、噪声小、阻值范围大等特点。

玻璃釉电阻器的实物外形见图2-6。玻璃釉电阻器就是将银、铑、钌等金属氧化物和玻璃釉黏合剂调配成浆料，喷涂在绝缘骨架上，再进行高温聚合而成的。玻璃釉电阻器采用直接标注法标注阻值。

图2-4　金属氧化膜电阻器

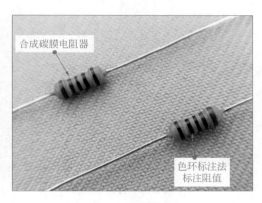

图2-5　合成碳膜电阻器

⑥ 水泥电阻器　水泥电阻器的电路符号是"—▭—"，在电路中的名称标识通常为"R"。通常，水泥电阻器主要应用在大功率电路中，当负载短路时，水泥电阻器的电阻丝与焊脚间的压接处会迅速熔断，对整个电路起限流保护的作用。

水泥电阻器的实物外形见图2-7。水泥电阻的电阻丝同焊脚引线之间采用压接方式，外部采用陶瓷、矿质材料包封，具有良好的绝缘性能。水泥电阻器采用直接标注法标注阻值。

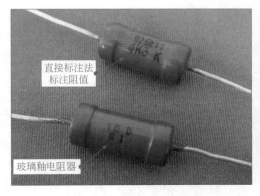

图2-6　玻璃釉电阻器

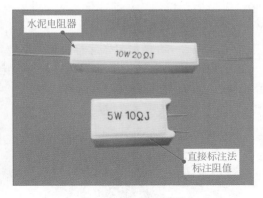

图2-7　水泥电阻器

⑦ 排电阻器　排电阻器的电路符号是"▯▯…▯"，在电路中的名称标识通常为"R"。排电阻器，简称排阻，这种电阻器是将多个分立的电阻器按照一定规律排列集成为一个组合型电阻器，也称集成电阻器或电阻器网络。

排电阻器的实物外形见图2-8。排电阻器的一端通常有圆点或缺口表示公共端，电阻器上的数字分别表示有效数字和倍乘数，该排电阻器的阻值为 $2\times10^2=200(\Omega)$。

⑧ 熔断电阻器　熔断电阻器的电路符号是"—▭—"，在电路中的名称标识通常为"R"。熔断电阻器又叫保险丝电阻器，是一种具有电阻器和过流保护熔断丝双重作用的元件。

熔断电阻器实物外形见图2-9。正常情况下，熔断电阻器具有普通电阻器的电气功能，当电流过大时，熔断电阻器就会断裂，从而对电路起保护作用。熔断电阻器采用色环标注法标注阻值。

⑨ 实芯电阻器　实芯电阻器的电路符号是"—▭—"，在电路中的名称标识通常为"R"。

其制作成本低，但阻值误差较大，稳定性较差，因此目前电路中已经很少采用。

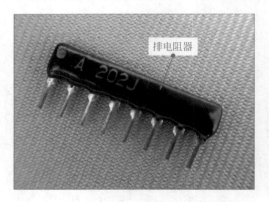

图 2-8　排电阻器

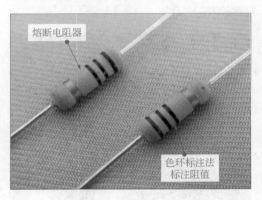

图 2-9　熔断电阻器

实芯电阻器实物外形见图 2-10。实芯电阻器是由有机导电材料或无机导电材料及一些不良导电材料混合并加入黏合剂后压制而成的。这种电阻器通常采用直接标注法标注阻值。

（2）阻值可变电阻器

阻值可变电阻器主要有两种，一种是可调电阻器（可变电阻器），这种电阻器的阻值可以根据需要人为调整。另一种是敏感电阻器，包括压敏电阻器、热敏电阻器，这种电阻器的阻值会随周围环境的变化而变化。

① 可调电阻器（可变电阻器）　可调电阻器的电路符号是"——"，在电路中的名称标识通常为"RP"。可调电阻器又称可变电阻器，是阻值可以变化调整的电阻器。

可变电阻器的实物外形见图 2-11。这种电阻器有 3 个引脚，其中有两个定片引脚和一个动片引脚，还有一个调整旋钮，可以通过它改变动片，从而改变可变电阻器的阻值。

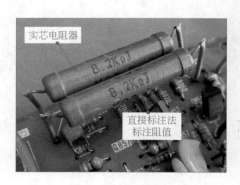

图 2-10　实芯电阻器

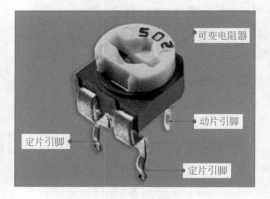

图 2-11　可变电阻器

【提示】▶▶▶

可变电阻器的阻值是可以调整的，通常包括最大阻值、最小阻值和可变阻值三个阻值参数。最大阻值和最小阻值都是可变电阻器的调整旋钮旋转到极端时的阻值。

最大阻值就是与可变电阻器的标称阻值十分相近的阻值；最小阻值就是该可变电阻器的最小阻值，一般为 0Ω，也有的可变电阻器的最小阻值不是 0Ω；可变阻值是对可变电阻器的调整旋钮进行随意的调整然后测得的阻值，该阻值在最小阻值与最大阻值之间随调整旋钮的变化而变化。

② 压敏电阻器　压敏电阻器的电路符号是"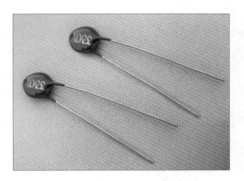"，在电路中的名称标识通常为"MY"。

压敏电阻器的实物外形见图 2-12。压敏电阻器是利用半导体材料的非线性特性原理制成的。当外加电压施加到某一临界值时，压敏电阻器的阻值就会急剧变小。压敏电阻器采用直接标注法标识阻值。

③ 热敏电阻器　热敏电阻器的电路符号是"θ"，在电路中的名称标识通常为"MZ"或"MF"。

热敏电阻的实物外形见图 2-13。热敏电阻器大多由单晶、多晶半导体材料制成，这种电阻器的阻值会随温度的变化而变化。热敏电阻器一般采用直接标注法标识阻值。

图 2-12　压敏电阻器

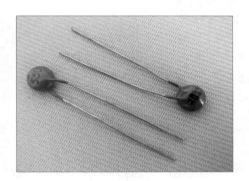

图 2-13　热敏电阻器

【提示】▶▶▶

热敏电阻器可分为正温度系数热敏电阻器和负温度系数热敏电阻器两种。

当温度升高时，电阻器的阻值会明显增大；而当温度降低时，阻值会显著减小；这种热敏电阻器被称为正温度系数（PTC）热敏电阻器。

当温度升高时，电阻器的阻值会明显减小；当温度降低时，阻值会显著增大；这种热敏电阻器被称为负温度系数（NTC）热敏电阻器。

④ 湿敏电阻器　湿敏电阻器的电路符号是"□"，在电路中的名称标识通常为"MS"。湿敏电阻器的种类很多，常见的有硅湿敏电阻器、陶瓷湿敏电阻器和氯化锂湿敏电阻器等。

湿敏电阻器的实物外形见图 2-14。湿敏电阻器的阻值特性是随着湿度的变化而变化，湿敏电阻器是由感湿层（或湿敏膜）、引线电极和具有一定强度的绝缘基体组成，常用作传感器，即用于检测湿度。

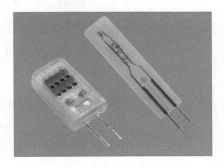

图 2-14　湿敏电阻器

湿敏电阻器可分为正系数湿敏电阻器和负系数湿敏电阻器两种。

当湿度增加时，阻值明显增大；当湿度减少时，阻值会显著减小。这种湿敏电阻器被称为正系数湿敏电阻器。

当湿度减少时，阻值会明显减小；当湿度增大时，阻值会显著增大。这种湿敏电阻器被称为负系数湿敏电阻器。

⑤ 光敏电阻器　光敏电阻器的电路符号是"　"，在电路中的名称标识通常为"MG"。它利用半导体的光电效应，使电阻器的电阻值随入射光线的强弱发生变化（即当入射光线增强时，它的阻值会明显减小；当入射光线减弱时，它的阻值会显著增大）。

光敏电阻器的实物外形见图 2-15。光敏电阻器是一种对光敏感的元件，光敏电阻器大多数是由半导体材料制成的。

光敏电阻器的种类很多，由于所用导体材料不同，又可分为单晶光敏电阻器和多晶光敏电阻器。根据光敏电阻器的光谱特性，又可分为红外光光敏电阻器、可见光光敏电阻器及紫外光光敏电阻器等。

⑥ 气敏电阻器　气敏电阻器的电路符号是"　"，在电路中的名称标识通常为"MQ"。

气敏电阻器的实物外形见图 2-16。气敏电阻器是一种新型半导体元件，这种电阻器是利用金属氧化物半导体表面吸收某种气体分子时，会发生氧化反应或还原反应而使电阻值改变的特性而制成。

图 2-15　光敏电阻器

图 2-16　气敏电阻器

2.1.2 电阻器的电路标识

（1）识别电阻器的电路标识

电阻器在电子电路中有特殊的电路标识，电阻器种类不同，电路标识也有所区别，在对电子电路识读时，通常会先从电路标识入手，了解电阻器的种类和功能特点。

识别典型电阻器的电路标识见图2-17。

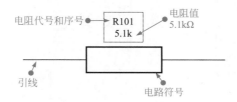

图2-17　识别典型电阻器的电路标识

【提示】▶▶▶

　　电路符号表明了电阻器的类型；引线由电路符号两端伸出，与电路图中的电路线连通，构成电子线路；标识信息通常提供了电阻器的类别，在该电路图中的序号以及电阻值等参数信息。

（2）识读电阻器的标识信息

电阻器的标识主要有"电阻名称标识""材料""类型""序号""电阻值""允许偏差"等相关信息。识读电阻器的标识信息，对电路分析检修十分重要。

识读电阻器的标识信息见图2-18。

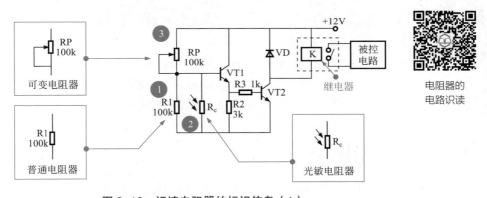

电阻器的
电路识读

图2-18　识读电阻器的标识信息（1）

【提示】▶▶▶

　　①"▭"在电路中表示普通电阻器。R1在电路中表示普通电阻器的代号和序号。100k在电路中表示普通电阻器的电阻值为100kΩ。

　　②"▨"在电路中表示光敏电阻器。R_c在电路中表示光敏电阻器的代号和序号。"MG"在电路中表示光敏电阻器的代号。

　　③"▱"或"▯"在电路中表示可调电阻器（可变电阻器）。"RP"在电路中表示可调电阻器的代号。

识读电阻器的标识信息见图2-19。

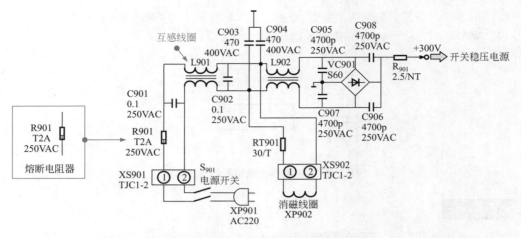

图 2-19　识读电阻器的标识信息（2）

【提示】▶▶▶

　　"—▭—"在电路中表示熔断电阻器，R901 在电路中表示熔断电阻器的代号和序号，250VAC 在电路中表示熔断电阻器的耐压值为交流 250V。

2.2　电容器

　　电容器是一种可储存电能的元件（储能元件）。电容器是由两个极板构成的，具有存储电荷的功能，在电路中常用于滤波，与电感器构成谐振电路，作为交流信号的传输元件等。下面以认识电子电路为目标，对常见电容器做系统介绍。

2.2.1　认识电容器

　　电容器的种类很多，根据制作工艺和功能的不同，主要可以分为固定电容器和可变电容器两大类。如图 2-20 为常见的电容器。

电容器的
种类特点

（1）固定电容器

　　固定电容器是指电容量不再改变的电容器。

　　① 纸介电容器　纸介电容器的电路符号是"—|┣"，在电路中的名称标识通常为"C"。纸介电容器的实物外形见图 2-21。纸介电容器的价格低、体积大、损耗大且稳定性差，并且由于存在较大的固有电感，故不宜在频率较高的电路中使用。

　　② 瓷介电容器　瓷介电容器的电路符号是"—|┣"，在电路中的名称标识通常为"C"。这种电容器的损耗小，耐热稳定性好，抗腐蚀性好，机械强度较低。

　　瓷介电容器的实物外形见图 2-22。瓷介电容器是以陶瓷材料作为介质，在其外层常涂以各种颜色的保护漆，并在陶瓷片上覆银制成电极。

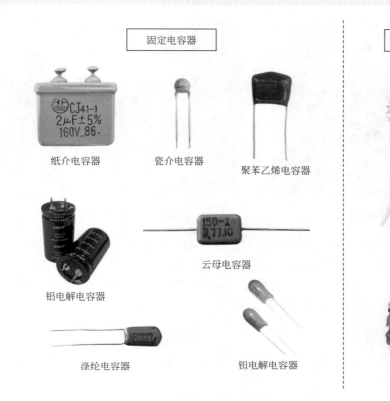

固定电容器

可变电容器

纸介电容器　　　瓷介电容器　　　聚苯乙烯电容器

铝电解电容器　　　　云母电容器

涤纶电容器　　　　钽电解电容器

单联可变电容器

双联可变电容器

四联可变电容器

图 2-20　常见的电容器

图 2-21　纸介电容器

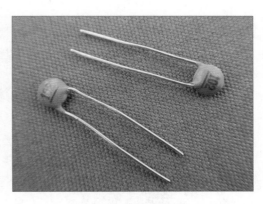

图 2-22　瓷介电容器

③ 云母电容器　云母电容器的电路符号是"—||—"，在电路中的名称标识通常为"C"。云母电容器的实物外形见图 2-23。云母电容器是以云母作为介质。这种电容器的可靠性高，频率特性好，适用于高频电路。

④ 涤纶电容器　涤纶电容器的电路符号是"—||—"，在电路中的名称标识通常为"C"。涤纶电容器的实物外形见图 2-24。涤纶电容器采用涤纶薄膜为介质，这种电容器的成本较低，耐热、耐压和耐潮湿的性能都很好，但稳定性较差，适用于稳定性要求不高的电路中。

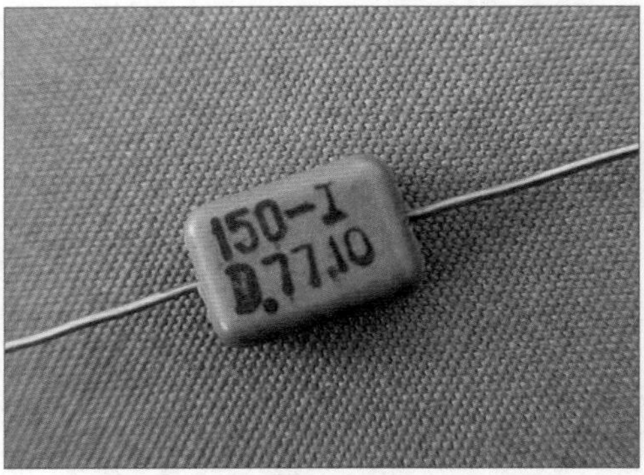

图 2-23　云母电容器

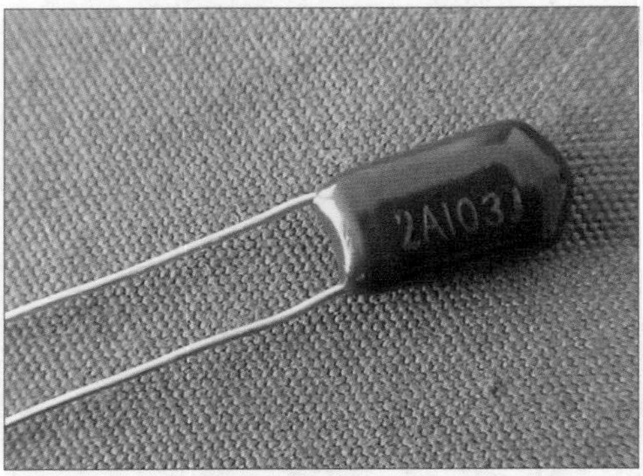

图 2-24　涤纶电容器

⑤ 玻璃釉电容器　玻璃釉电容器的电路符号是“⊣⊢”，在电路中的名称标识通常为“C”。这种电容器介电系数大、耐高温、抗潮湿性强、损耗低。

玻璃釉电容器的实物外形见图 2-25。玻璃釉电容器使用的介质一般是玻璃釉粉压制的薄片，通过调整釉粉的比例，可以得到不同性能的电容器。

【提示】

介电常数又称电容率。它是表示绝缘特性的一个系数，以字母 ε 表示，单位为“F/m”。

⑥ 聚苯乙烯电容器　聚苯乙烯电容器的电路符号是“⊣⊢”，在电路中的名称标识通常为“C”。

聚苯乙烯电容器的实物外形见图 2-26。聚苯乙烯电容器是以非极性的聚苯乙烯薄膜为介质制成的，这种电容器成本低、损耗小，充电后的电荷量能保持较长时间不变。

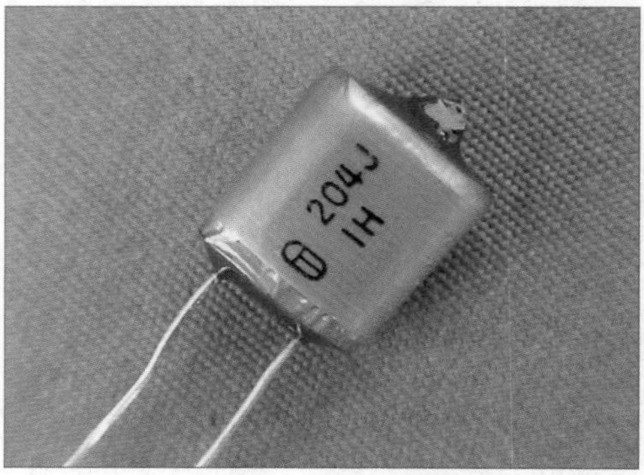

图 2-25　玻璃釉电容器

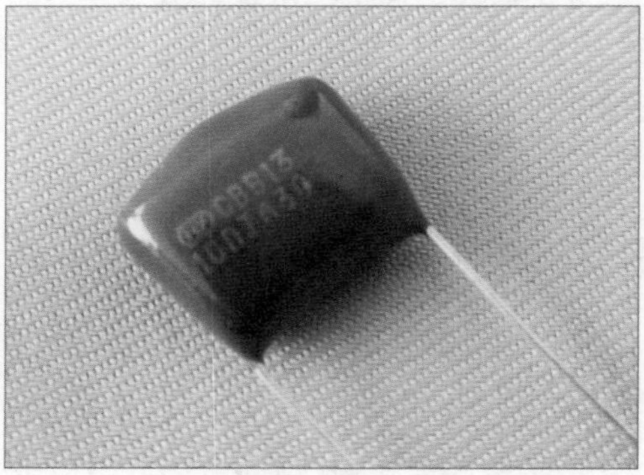

图 2-26　聚苯乙烯电容器

⑦ 铝电解电容器　铝电解电容器的电路符号是“⊣⊢+”，在电路中的名称标识通常为“C”。

铝电解电容器的实物外形见图 2-27。铝电解电容器体积小、容量大。与无极性电容器相比绝缘电阻低、电流大、频率特性差，容量和损耗会随周围环境和时间的变化而变化，特别是当温度过低或过高的情况下，且长时间不用还会失效。因此，铝电解电容器仅限于低频、低压电路（例如电源滤波电路、耦合电路等）。

⑧ 钽电解电容器　钽电解电容器的电路符号是"——|┼"，在电路中的名称标识通常为"C"。

钽电解电容器的实物外形见图2-28。钽电解电容器的温度特性、频率特性和可靠性都较铝电解电容器好，特别是它的漏电流极小，电荷储存能力好、寿命长、误差小，但价格昂贵，通常用于高精密的电子电路中。

图2-27　铝电解电容器

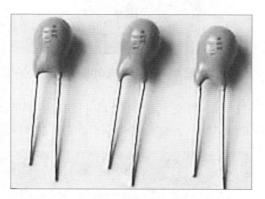

图2-28　钽电解电容器

【提示】▶▶▶

当电容器加上直流电压时，由于电容介质不可能绝对不导电，因此电容器就会有漏电流产生，若漏电流过大，电容器就会发热烧坏。通常，电解电容器的漏电流会比其他类型电容器大，故常用漏电流表示电解电容器的绝缘性能。

（2）可变电容器

电容量可以调整的电容器被称为可变电容器。这种电容器主要用在接收电路中选择信号（调谐）。可变电容器按介质的不同可以分为空气介质可变电容器和有机薄膜介质可变电容器两种。按照结构的不同又可分为单联可变电容器、双联可变电容器和多联可变电容器。

① 微调电容器　微调电容器的电路符号是"≠"，在电路中的名称标识通常为"C"。微调电容器的实物外形见图2-29。

微调电容器又叫半可调电容器，这种电容器的容量较固定电容器小，常见的有瓷介微调电容器、管型微调电容器（拉线微调电容器）、云母微调电容器、薄膜微调电容器等。这种电容器主要用于调谐电路中。

② 单联可变电容器　单联可变电容器的电路符号是"≠"，在电路中的名称标识通常为"C"。单联可变电容器的实物外形见图2-30。单联可变电容器的内部只有一个可调电容器。

③ 双联可变电容器　双联可变电容器的电路符号是"≠≠"，在电路中的名称标识通常为"C"。

双联可变电容器的实物外形见图2-31。双联可变电容器是由两个可变电容器组合而成的。

图 2-29　典型微调电容器

图 2-30　单联可变电容器

④ 四联可变电容器　四联可变电容器的电路符号是"～／～／～／～／"或"～／…～／"，在电路中的名称标识通常为"C"。四联可变电容器的实物外形见图 2-32。

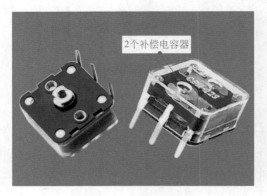

2个补偿电容器

图 2-31　双联可变电容器

4个补偿电容器

图 2-32　四联可变电容器

【提示】▶▶▶

　　通常，对于单联可变电容器、双联可变电容器和四联可变电容器的识别可以通过引脚和背部补偿电容器的数量来判别。以双联可变电容器为例，图 2-33 所示为双联可变电容器的内部电路结构示意图。

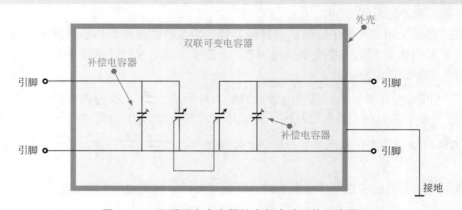

外壳

双联可变电容器

补偿电容器

引脚　引脚

引脚　引脚

补偿电容器

接地

图 2-33　双联可变电容器的内部电路结构示意图

双联可变电容器中的两个可变电容器都各自附带有一个补偿电容器，该补偿电容器可以单独微调。一般从可变电容器的背部可以看到补偿电容器。因此，如果是双联可变电容器则可以看到两个补偿电容器，如果是四联可变电容器则可以看到四个补偿电容器，而单联可变电容器则只有一个补偿电容器。另外，值得注意的是，由于生产工艺的不同，可变电容器的引脚数也并不完全统一。通常，单联可变电容器的引脚数一般为2～3个（两个引脚加一个接地端），双联电容器的引脚数不超过7个，四联可变电容器的引脚数为7～9个。这些引脚除了可变电容器的引脚外，其余的引脚都为接地引脚，以方便与电路进行连接。

2.2.2　电容器的电路标识

（1）识别电容器的电路标识

　　电容器在电子电路中有特殊的电路标识，电容器种类不同，电路标识也有所区别，在对电子电路进行识读时，通常会先从电路标识入手，了解电容器的种类和功能特点。

　　识别典型电容器的电路标识见图2-34。

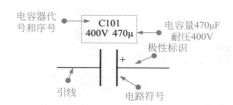

图2-34　识别典型电容器的电路标识

【提示】▶▶▶

　　电路符号表明了电容器的类型；引线由电路符号两端伸出，与电路图中的电路线连通，构成电子线路；极性标识表明该电容器的极性，标识信息通常提供了电容器在该电路图中的序号以及电容量等参数信息。

（2）识读电容器的标识信息

　　电容器的标识主要有"电容名称标识""材料""类型""序号""电容量""允许偏差"等相关信息。识读电容器的标识信息，对分析、检修电路十分重要。

　　识别典型电容器的标识信息见图2-35。

电容器的
电路识读

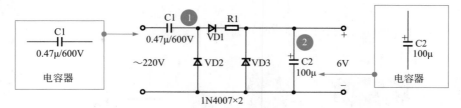

图2-35　识别典型电容器的标识信息（1）

【提示】▶▶▶

　　①"┤├"在电路中表示普通电容器。C1在电路中表示普通电容器的代号和序号。0.47μ在电路中表示普通电容器的电容量为0.47μF。600V在电路中表示电容器耐压600V。

②"—||—"在电路中表示电解电容器。C2 在电路中表示电解电容器的代号和序号。100μ 在电路中表示电解电容的电容量为 100μF。

识别典型电容器的标识信息见图 2-36。

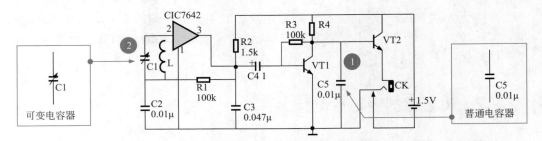

图 2-36　识别典型电容器的标识信息（2）

【提示】▶▶▶

①"—||—"在电路中表示普通电容器。C5 在电路中表示普通电容器的代号和序号。0.01μ 在电路中表示普通电容器的电容量为 0.01μF。

②"≠"在电路中表示可变电容器。C1 在电路中表示可变电容器的序号。

2.3　电感元件

电感元件是一种利用线圈产生的磁场阻碍电流变化，通直流、阻交流的元器件，在电子产品中主要用于分频、滤波、谐振和磁偏转等。下面就以了解电感元件的电路对应关系为目标，对常见电感元件作系统介绍。

2.3.1　认识电感元件

电感元件有很多种，常见的有空心线圈、磁棒线圈、磁环线圈、固定色环和色码电感器、微调电感器等，图 2-37 所示为常见的电感元件。

电感器的种类特点

空心线圈　　　磁棒线圈　　　　磁环线圈　　色码电感器　　色环电感器　　微调电感器

图 2-37　常见的电感元件

（1）空心线圈

空心线圈的电路符号是"—〰〰—"，在电路中的名称标识通常为"L"。

空心线圈的实物外形见图2-38。空心线圈没有磁芯，通常线圈绕的匝数较少，电感量小，常用在高频电路中，如电视机的高频调谐器。

【提示】▶▶▶

> 微调空心线圈电感量时，可以调整线圈之间的间隙大小。为了防止空心线圈之间的间隙变化，调整完毕后用石蜡加以密封固定，这样不仅可以防止线圈变形，同时可以有效地防止线圈振动。

（2）磁棒线圈

磁棒线圈的电路符号是"—〰〰—"，在电路中的名称标识通常为"L"。

磁棒线圈的实物外形见图2-39。磁棒线圈的基本结构是在磁棒上绕制线圈，这样会大大增加线圈的电感量。电感线圈就是带有磁棒的线圈。

图2-38　空心线圈的实物外形

图2-39　磁棒线圈的实物外形

【提示】▶▶▶

> 可以通过线圈在磁棒上的左右移动来调整电感量的大小，当线圈在磁棒上的位置调整好后，应采用石蜡将线圈固定在磁棒上，以防止线圈左右滑动而影响电感量的大小。

（3）磁环线圈

磁环线圈的电路符号是"—〰〰—"，在电路中的名称标识通常为"L"。

磁环线圈的实物外形见图2-40。磁环线圈的基本结构是在铁氧体磁环上绕制线圈，如在磁环上绕制两组或两组以上的线圈可以制成高频变压器。

（4）固定色环电感器和色码电感器

固定色环电感器和色码电感器的电路符号是"—〰〰—"，在电路中的名称标识通常为"L"。

固定色环电感器的实物外形见图 2-41。固定色环电感器的电感量固定，它是一种具有磁芯的线圈，将线圈绕制在软磁性铁氧体的基体上，再用环氧树脂或塑料封装，并在其外壳上标以色环表明电感量的数值。

图 2-40　磁环线圈的实物外形

图 2-41　固定色环电感器的实物外形

色码电感器的实物外形见图 2-42。色码电感器与色环电感器都属于小型的固定电感器，用色点标识电感量，其外形结构为直立式。

（5）微调电感器

微调电感器就是可以调整电感量的电感器，它的电路符号为"　"。

微调电感器的实物外形见图 2-43。微调电感器一般设有屏蔽外壳，磁芯上设有条形槽以便调整。

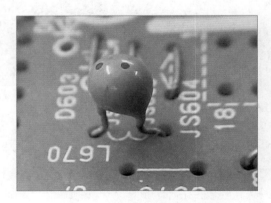

图 2-42　色码电感器的实物外形

图 2-43　微调电感器的实物外形

【提示】▶▶▶

微调电感器都有一个可插入的磁芯，使用工具调节即可改变磁芯在线圈中的位置，从而实现调整电感量的大小。值得注意的是，在调整微调电感器的电感量时要使用无感螺丝刀。即非铁磁性金属材料制成的螺丝刀，如塑料或竹片等材料制成的螺丝刀。图 2-44 所示为使用无感螺丝刀调整微调电感器的操作示意图。

图 2-44　使用无感螺丝刀调整微调电感器

（6）其他电感器

其他电感器实物外形见图 2-45。由于工作频率、工作电流、屏蔽要求各不相同，电感线圈的绕组匝数、骨架材料、外形尺寸区别很大。因此，可以在电子产品的电路板上看到各种各样的电感线圈。

图 2-45　各种电感线圈

2.3.2 电感器的电路标识

（1）识别电感器的电路标识

电感器在电子电路中有特殊的电路标识，电感器种类不同，电路标识也有所区别，在对电子电路识读时，通常会先从电路标识入手，了解电感器的种类和功能特点。

识别典型电感器的电路标识见图2-46。

（2）识读电感器的标识信息

电感器的标识主要有"电感名称标识""电感量""允许偏差"等相关信息。识读电感器的标识信息，对分析、检修电路十分重要。

识别典型电感器的标识信息见图2-47。

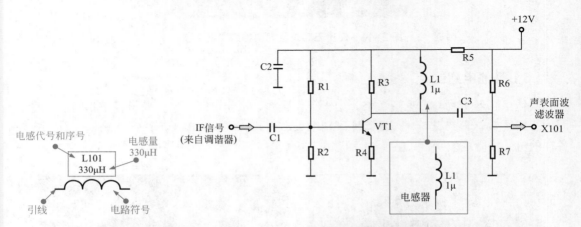

图 2-46 识别典型电感器的电路标识　　　　图 2-47 识别典型电感器的标识信息

【提示】▶▶▶

　　"⌇⌇⌇"在电路中表示普通电感器。L1 在电路中表示普通电感器的序号。1μ 在电路中表示普通电感器的电感量为 1μH。

2.4 ▶ 二极管

　　二极管是一种常用的具有一个 PN 结的半导体器件，它具有单向导电性，通过二极管的电流只能沿一个方向流动。二极管只有在所加的正向电压达到一定值后才能导通。下面就以认识电子电路为目标，对常见二极管作系统介绍。

2.4.1　认识二极管

二极管种类有很多，根据制作半导体材料的不同，可分为锗二极管（Ge 管）和硅二极管（Si 管）。根据结构的不同，可分为点接触型二极管、面接触型二极管。根据实际功能的不同，又可分为整流二极管、检波二极管、稳压二极管、开关二极管、变容二极管、发光二极管等。

常见的二极管如图 2-48 所示。

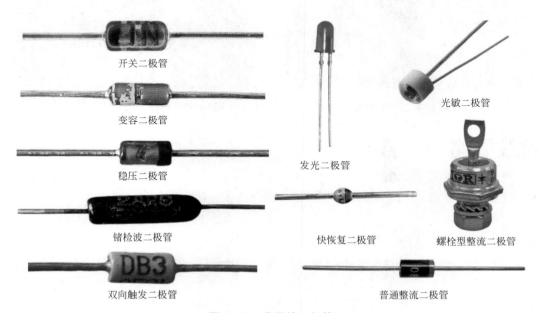

开关二极管

变容二极管

稳压二极管

锗检波二极管

双向触发二极管

发光二极管

光敏二极管

快恢复二极管

螺栓型整流二极管

普通整流二极管

图 2-48　常见的二极管

（1）整流二极管

整流二极管的电路符号是"—▷|—"，在电路中的名称标识通常为"VD"。

整流二极管的实物外形见图 2-49。整流二极管的主要作用是将交流整流成直流。整流二极管主要用于整流电路中。

二极管的
种类特点

【提示】▶▶▶

整流二极管的外壳封装常采用金属壳封装、塑料封装和玻璃封装三种形式。由于整流二极管的正向电流较大，所以整流二极管多为面接触型二极管，结面积大、结电容大，但工作频率低。

（2）检波二极管

检波二极管是利用二极管的单向导电性把叠加在高频载波上的低频信号检出来的器件，检波二极管的电路符号是"—▷|—"，在电路中的名称标识通常为"VD"。这种二极管具有较高的检波效率和良好的频率特性，常用在收音机的检波电路中。

检波二极管的实物外形见图 2-50。检波二极管的封装多采用玻璃或陶瓷外壳，以保证良好的高频特性。

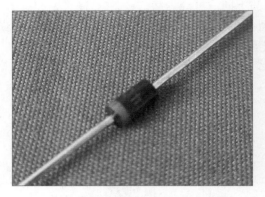

图 2-49　整流二极管的实物外形

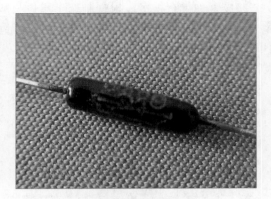

图 2-50　检波二极管的实物外形

【提示】▶▶▶

　　检波效率是检波二极管的特殊参数，它是指在检波二极管输出电路的电阻负载上产生的直流输出电压与加于输入端的正弦交流信号电压峰值之比的百分数。

（3）稳压二极管

稳压二极管的电路符号是"$\rightarrow\!\!\!\mapsto\!\!\!-$"，在电路中的名称标识通常为"ZD"。

稳压二极管的实物外形见图 2-51。稳压二极管在电路中主要起稳压作用。值得注意的是，稳压二极管工作在反向偏压的环境时，必须限制反向通过的电流可以安全工作在反向击穿状态，如果反向电流过大，同样也会造成稳压二极管的损坏。

（4）发光二极管

发光二极管常用于显示器件或光电控制电路中的光源，它的电路符号是"$\rightarrow\!\!\!\mapsto$"，在电路中的名称标识通常为"VD"或"LED"。

发光二极管的实物外形见图 2-52。发光二极管是一种利用正向偏置时 PN 结两侧的多数

图 2-51　稳压二极管的实物外形

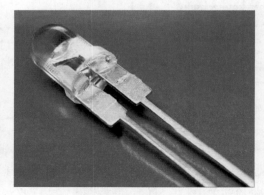

图 2-52　发光二极管的实物外形

载流子直接复合释放出光能的发射器件。发光二极管在正常工作时，处于正向偏置状态，在正向电流达到一定值时就发光。

【提示】▶▶▶

采用不同材料制成的发光二极管可以发出不同颜色的光，常见的有红光、黄光、绿光、橙光等。除这些单色发光二极管外，还有可以发出两种颜色光的双向变色二极管和三色发光二极管。

（5）光敏二极管（光电二极管）

光敏二极管又称为光电二极管，它的电路符号是"$\rlap{/}{\text{光}}$"，在电路中的名称标识通常为"VD"。

光敏二极管的实物外形见图2-53。光敏二极管的特点是当受到光照射时，反向阻抗会随之变化（随着光照的增强，反向阻抗会由大到小），利用这一特性，光敏二极管常作为光电传感器件使用。

（6）变容二极管

变容二极管的电路符号是"$\rlap{/}{\text{变}}$"，在电路中的名称标识通常为"VD"。

变容二极管的实物外形见图2-54。变容二极管是利用PN结的电容随外加偏压而变化这一特性制成的非线性半导体元件，在电路中起电容器的作用，它被广泛地用于超高频电路中的参量放大器、电子调谐及倍频器等高频和微波电路中。

图2-53 光敏二极管的实物外形

图2-54 变容二极管的实物外形

【提示】▶▶▶

变容二极管是利用PN结空间电荷具有电容特性的原理制成的特殊二极管，该二极管两极之间的电容量约为3～50pF，实际上是一个电压控制的微调电容器，主要用于调谐电路。

变容二极管为反偏压二极管，其结电容就是耗尽层的电容，电容的大小除了与本身的结构和制造工艺有关外，还与外加电压有关。结电容随反向电压的增大而减小。

（7）开关二极管

开关二极管的电路符号是"—▷|—"，在电路中的名称标识通常为"VD"。

开关二极管的实物外形见图 2-55。开关二极管是利用半导体二极管的单向导电性，为在电路上进行"开"或"关"的控制而特殊设计制造的一类二极管。这种二极管导通 / 截止速度非常快，能满足高频和超高频电路的需要，广泛应用于开关及自动控制等电路中。

【提示】▶▶▶

开关二极管一般采用玻璃或陶瓷外壳封装以减小管壳的电容。

通常，开关二极管从截止（高阻抗）到导通（低阻抗）的时间称为"开通时间"；从导通到截止的时间称为"反向恢复时间"，两个时间的总和统称为"开关时间"。

开关二极管的开关时间很短，是一种非常理想的电子开关，具有开关速度快、体积小、寿命长、可靠性高等特点。

（8）双向触发二极管

双向触发二极管的电路符号是"—▷|◁—"，在电路中的名称标识通常为"VD"。

双向触发二极管的实物外形见图 2-56。双向触发二极管（简称 DIAC）是具有对称性的两端半导体器件。常用来触发双向晶闸管或用于过压保护、定时、移相电路。

图 2-55　开关二极管的实物外形

图 2-56　双向触发二极管的实物外形

图 2-57　快恢复二极管的实物外形

（9）快恢复二极管

快恢复二极管（简称 FRD）也是一种高速开关二极管，它的电路符号是"—▷|—"，在电路中的名称标识通常为"VD"。

快恢复二极管的引脚较粗，具体实物外形见图 2-57。这种二极管的开关特性好，反向恢复时间很短，正向压降低，反向击穿电压较高（耐压值较高）。主要应用于开关电源、PWM 脉宽调制电路以及变频等电子电路中。

2.4.2 二极管的电路标识

（1）识别二极管的电路标识

二极管在电子电路中有特殊的电路标识，二极管种类不同，电路标识也有所区别，在对电子电路识读时，通常会先从电路标识入手，了解二极管的种类和功能特点。

识别典型二极管的电路标识见图2-58。电路符号表明了二极管的类型；引线由电路符号两端伸出，与电路图中的电路线连通，构成电子线路；标识信息通常提供了二极管的类别、在该电路图中的序号以及二极管型号等参数信息。

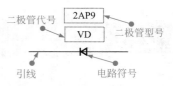

图 2-58 识别典型二极管的电路标识

（2）识读二极管的标识信息

二极管的标识主要有"二极管名称""材料/极性""类型""序号""规格号"等相关信息。识读二极管的标识信息，对分析、检修电路十分重要。

识读二极管的标识信息见图2-59。

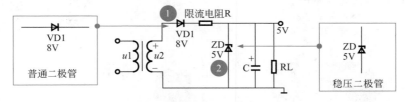

图 2-59 识读二极管的标识信息（1）

【提示】▶▶▶

① "◁─" 在电路中表示普通二极管。VD1 在电路中表示普通二极管的代号和序号。8V 在电路中表示普通二极管的电压为 8V。

② "◁┤" 在电路中表示稳压二极管。ZD 在电路中表示稳压二极管的代号。5V 在电路中表示稳压二极管的电压为 5V。

识读二极管的标识信息见图2-60。

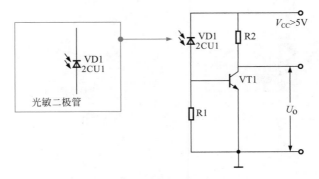

图 2-60 识读二极管的标识信息（2）

2.5 三极管

2.5.1 认识三极管

三极管是一种具有两个 PN 结的半导体器件，在电子电路中的应用比较广泛。常见的三极管如图 2-61 所示。

图 2-61　常见的三极管

（1）根据制作工艺和内部结构进行分类

三极管有很多种，常见的三极管结构有平面型和合金型两类。

平面型和合金型三极管的结构示意见图 2-62。通常，硅管主要是平面型，锗管主要是合金型。

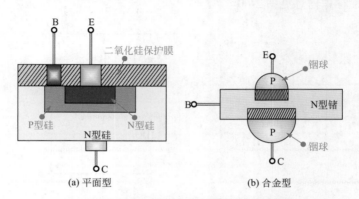

(a) 平面型　　　(b) 合金型

图 2-62　半导体三极管的结构示意图

半导体三极管用"VT"表示（在电子产品中三极管还常用"Q"表示）。不同类型的三极管虽然制造方法不同，但在结构上都分成 PNP 或 NPN 三层。因此又将三极管分为 NPN 型和 PNP 型两种。国产硅三极管主要是 NPN 型（3D 系列），锗三极管主要是 PNP 型（3A 系列）。三极管相应的结构示意图及电路中的符号如图 2-63 所示。

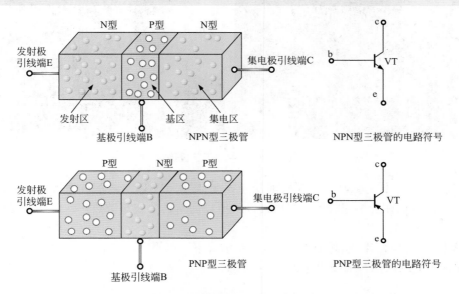

图 2-63 三极管的结构及电路符号

各种三极管都分为发射区、基区和集电区三个区域，三个区域的引出线分别称为发射极、基极和集电极，并分别用 E、B 和 C 表示。发射区与基区间的 PN 结称为发射结，基区与集电区间的 PN 结称为集电结。

NPN 型和 PNP 型三极管的工作原理相同，不同的只是使用时连接电源的极性不同，管子各极间的电流方向也不同。

（2）根据功率进行分类

① 小功率三极管 小功率三极管的功率 P_C 一般小于 0.3W，它是电子电路中用得最多的晶体三极管之一。

小功率三极管的实物外形见图 2-64。小功率三极管主要用来放大交、直流信号或应用在振荡器、变换器等电路中，如用来放大音频、视频的电压信号，作为各种控制电路中的控制器件，等。

② 中功率三极管 中功率三极管的功率 P_C 一般在 0.3 ～ 1W 之间。中功率三极管的实物外形见

图 2-64 小功率三极管

图 2-65。这种三极管主要用于驱动电路和激励电路之中，或者是为大功率放大器提供驱动信号。根据工作电流和耗散功率，适当地选择散热方式，有的晶体管本身外壳具有一定的散热功能，耗散功率较大，就要另外附加散热片。

图 2-65　中功率三极管

③ 大功率三极管　大功率三极管的功率 P_C 一般在 1W 以上。这种三极管由于耗散功率比较大，工作时往往会引起芯片内温度过高，所以通常需要安装散热片，以确保三极管良好的散热。

大功率三极管的实物外形见图 2-66。通常情况下，三极管输出的功率越大，其体积越大，在安装时所需要的散热片面积也越大。

（3）根据工作频率进行分类

① 低频三极管　低频三极管的实物外形见图 2-67。低频三极管的特征频率 f_T 小于 3MHz。这种三极管多用于低频放大电路，如收音机的功放电路等。

图 2-66　大功率三极管　　　图 2-67　低频三极管的实物外形

② 高频三极管　高频三极管的实物外形见图 2-68。高频三极管的特征频率 f_T 大于 3 MHz。这种三极管多用于高频放大电路，混频电路或高频振荡电路等。

【提示】▶▶▶

在电子产品中，三极管的特征频率要大于其工作频率才能保证设备的正常运行。通常，中波收音机中的三极管要求工作在 3MHz 以内，但其三极管的特征频率则至少应在 6MHz 以上。短波收音机三极管的工作频率在 1.5 ～ 30MHz，调频收音机的工作频率为 88 ～ 108MHz，而电视机的工作频率为 40 ～ 800MHz。手机中三极管的工作频率需要在 1900MHz。卫星接收机的工作频率更高，需要在 13GHz。习惯上，将特征频率大于 3MHz 小于 1000MHz 的三极管称为高频三极管，将特征频率大于 1000MHz 的三极管称为超高频三极管。

（4）根据封装形式进行分类

① 表面封装形式的三极管　采用表面封装形式的三极管见图 2-69。这种三极管体积小巧，多用于数码产品的电子电路中。

图 2-68　高频三极管的实物外形　　　　图 2-69　采用表面封装形式的三极管

② 金属封装形式的三极管　采用金属封装形式三极管的外形尺寸及规格见图 2-70。采用金属封装形式的三极管主要有 B 型、C 型、D 型、E 型、F 型和 G 型。其中，小功率三极管（以高频小功率三极管为主）主要采用 B 型封装形式。

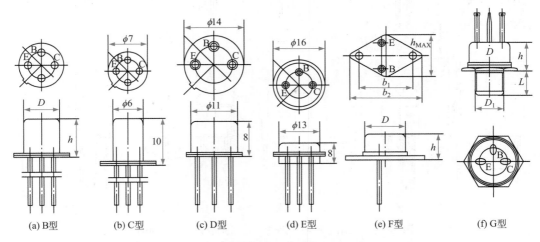

(a) B型　　(b) C型　　(c) D型　　(d) E型　　(e) F型　　(f) G型

图 2-70　采用金属封装形式三极管的外形尺寸及规格

采用 B 型封装形式的高频小功率三极管的实物外形见图 2-71。F 型和 G 型封装形式主要用于低频大功率三极管。

采用 F 型封装的低频大功率三极管见图 2-72。

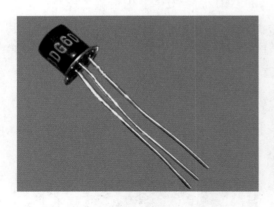

图 2-71　采用 B 型封装形式的高频
小功率三极管的实物外形

图 2-72　采用 F 型封装形式的低频
大功率三极管

③ 塑料封装形式的三极管　采用塑料封装形式三极管的外形尺寸及规格见图 2-73。采用塑料封装形式的主要有 S-1 型、S-2 型、S-4 型、S-5 型、S-6A 型、S-6B 型、S-7 型、S-8 型以及 F3-04 型和 F3-04B 型。

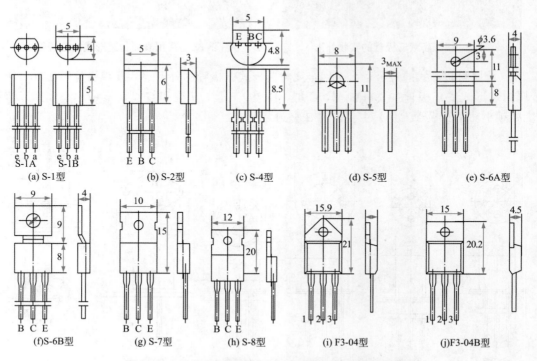

图 2-73　采用塑料封装形式三极管的外形尺寸及规格

2.5.2 三极管的电路标识

（1）识别三极管的电路标识

三极管在电子电路中有特殊的电路标识，三极管种类不同，电路标识也有所区别，在对电子电路识读时，通常会先从电路标识入手，了解三极管的种类和功能特点。

识别典型三极管的电路标识见图2-74。

电路符号表明了三极管的类型；引线由电路符号两端伸出，与电路图中的电路线连通，构成电子线路；标识信息通常提供了三极管的类别、在该电路图中的序号以及三极管型号等参数信息。

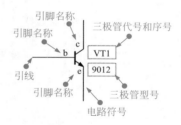

图 2-74　识别典型三极管的电路标识

（2）识读三极管的标识信息

三极管的标识主要有"三极管产品名称""材料/极性""类型""序号""规格号"等相关信息。识读三极管的标识信息，对分析、检修电路十分重要。识读三极管的标识信息见图2-75。

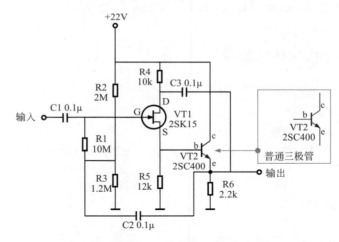

图 2-75　识读三极管的标识信息（1）

【提示】▶▶▶

"┤〈"在电路中表示普通三极管。VT2 在电路中表示普通三极管的代号和序号。2SC400 在电路中表示普通三极管的型号。b 在电路中表示普通三极管的基极；c 在电路中表示普通三极管的集电极；e 在电路中表示普通三极管的发射极，其中基极（b）是控制极，其电流大小控制着集电极（c）和发射极（e）之间电流的大小。

识读三极管的标识信息见图2-76。

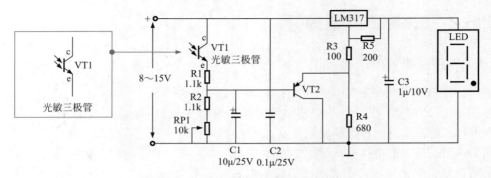

图 2-76　识读三极管的标识信息（2）

2.6　场效应晶体管

2.6.1　认识场效应晶体管

　　场效应晶体管也是一种具有 PN 结结构的半导体器件，与普通半导体三极管的不同之处在于它是电压控制型器件。

　　常见的场效应晶体管如图 2-77 所示。

　　场效应晶体管根据结构的不同可以分为结型场效应晶体管和绝缘栅型场效应晶体管两大类。

（1）结型场效应晶体管

　　结型场效应晶体管的电路符号是 "$G\!-\!\!\!\!\,^{|D}_{|S}$"（N 沟道）或 "$G\!-\!\!\!\!\,^{|D}_{|S}$"（P 沟道），在电路中的名称标识通常为 "VT" 或 "Q"。

　　结型场效应晶体管的实物外形见图 2-78。结型场效应晶体管是利用沟道两边的耗尽层宽窄，改变沟道导电特性来控制漏极电流的。

当于发射极（E），栅极（G）相当于基极（B），当然这里只是一种对应关系，其电压和电流的关系是有区别的。

(a) 结型场效应晶体管

(b) 绝缘栅型场效应晶体管

图 2-77　常见的场效应晶体管

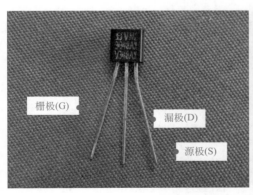

图 2-78　结型场效应晶体管的实物外形

源极(S)

漏极(D)

栅极(G)

（2）绝缘栅型场效应晶体管

绝缘栅型场效应晶体管（MOS 场效应晶体管）是利用感应电荷的多少，改变沟道导电特性来控制漏极电流的。绝缘栅型场效应晶体管的电路符号是"G─┤├─D S"（耗尽型单栅 N 沟道 MOS 场效应晶体管）或"G─┤├─D S"（耗尽型单栅 P 沟道 MOS 场效应晶体管）或"G─┤├─D S"（增强型单栅 N 沟道 MOS 场效应晶体管）或"G─┤├─D S"（增强型单栅 P 沟道 MOS 场效应晶体管）"G₂─G₁┤├─D S"（耗尽型双栅 N 沟道 MOS 场效应晶体管）或"G₂─G₁┤├─D S"（耗尽型双栅 P 沟道 MOS 场效应晶体管），在电路中的名称标识通常为"VT"或"Q"。

绝缘栅型场效应晶体管的实物外形见图 2-79。绝缘栅型场效应晶体管按其工作方式的不同分为耗尽型和增强型，同时又都有 N 沟道及 P 沟道。

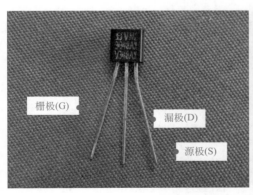

栅极(G)

漏极(D)

源极(S)

栅极(G)

漏极(D)

源极(S)

图 2-79　绝缘栅型场效应晶体管的实物外形

2.6.2 场效应晶体管的电路标识

（1）识别场效应晶体管的电路标识

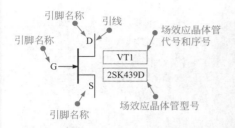

图 2-80 识别典型场效应晶体管的电路标识

场效应晶体管在电子电路中有特殊的电路标识，场效应晶体管种类不同，电路标识也有所区别，在对电子电路识读时，通常会先从电路标识入手，了解场效应晶体管的种类和功能特点。

识别典型场效应晶体管的电路标识见图 2-80。

电路符号表明了场效应晶体管的类型；引线由电路符号两端伸出，与电路图中的电路线连通，构成电子线路；标识信息通常提供了场效应晶体管的类别、在该电路图中的序号以及场效应管型号等参数信息。

（2）识读场效应晶体管的标识信息

场效应晶体管的标识主要有"极性""材料""类型""规格号"等相关信息。识读场效应晶体管的标识信息，对分析、检修电路十分重要。

识读场效应晶体管的标识信息见图 2-81。

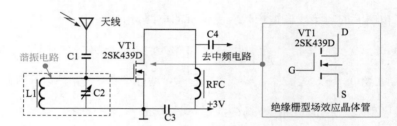

图 2-81 识读场效应管的标识信息（1）

【提示】▶▶▶

"$G\underset{S}{\overset{D}{\vdash}}$" 在电路中表示绝缘栅型场效应晶体管。VT1 在电路中表示绝缘栅型场效应晶体管的代号和序号。2SK8439D 在电路中表示绝缘栅型场效应晶体管的型号。D 在电路中表示绝缘栅型场效应晶体管的漏极；S 在电路中表示绝缘栅型场效应晶体管的源极；G 在电路中表示绝缘栅型场效应晶体管的栅极。

识读场效应晶体管的标识信息见图 2-82。

【提示】▶▶▶

"$G\underset{S}{\overset{D}{\vdash}}$" 在电路中表示结型场效应晶体管。D 在电路中表示结型场效应晶体管的漏极；S 在电路中表示结型场效应晶体管的源极；G 在电路中表示结型场效应晶体管的栅极。

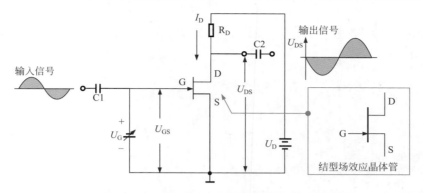

图 2-82　识读场效应晶体管的标识信息（2）

2.7 晶闸管

2.7.1 认识晶闸管

晶闸管又称可控硅，也是一种半导体器件，它除了有单向导电的特性外，还可作为整流管或可控开关使用。

常见的晶闸管如图 2-83 所示。

图 2-83　常见的晶闸管

晶闸管有很多种，通常可分为单结晶体管、单向晶闸管、双向晶闸管、可关断晶闸管、快速晶闸管。

（1）单结晶体管

单结晶体管（UJT）也称双基极二极管。它是由一个 PN 结和两个内电阻构成的三端半导体器件，有一个 PN 结和两个基极。

单结晶体管的实物外形见图 2-84。单结晶体管具有电路简单、热稳定性好等优点，广泛用于振荡、定时、双稳电路及晶闸管触发等电路中。

【提示】▶▶▶

如图 2-85 所示，单结晶体管可以分为 N 型单结晶体管和 P 型单结晶体管。

在工作时，当发射极电压 U_E 大于峰点电压 U_P 时，单结晶体管即可导通，电流流向为箭头所指方向。

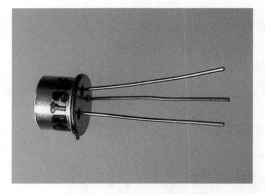

图 2-84　单结晶体管的实物外形

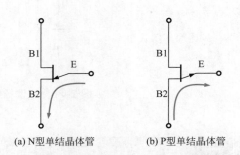

(a) N型单结晶体管　　　(b) P型单结晶体管

图 2-85　N 型单结晶体管和 P 型单结晶体管

（2）单向晶闸管

单向晶闸管（SCR）是由 P-N-P-N 4 层 3 个 PN 结组成的，它被广泛应用于可控整流、交流调压、逆变器和开关电源电路中。单向晶闸管的电路符号是"控制极G ⟶阳极A ⟶阴极K"（阴极受控）或"控制极G ⟶阳极A ⟶阴极K"（阳极受控），在电路中的名称标识通常为"V"或"Q"。

单向晶闸管的实物外形见图 2-86。单向晶闸管阳极 A 与阴极 K 之间加有正向电压，同时控制极 G 与阴极间加上所需的正向触发电压时，方可被触发导通。

图 2-86　单向晶闸管的实物外形

【提示】▶▶▶

晶闸管导通后内阻很小，管压降很低，此时外加电压几乎全部降在外电路负载上，而且负载电流较大，其特性曲线与半导体二极管正向导通特性相似。当晶闸管的阳极加入反向电压时，被反向阻断。

（3）双向晶闸管

双向晶闸管又称双向可控硅，属于 N-P-N-P-N 5 层半导体器件，有第一电极（T_1）、第二电极（T_2）、控制极（G）3 个电极，在结构上相当于两个单向晶闸管反极性并联。双向晶闸管的电路符号是"控制极G ⟶阳极A ⟶阴极K"，在电路中的名称标识通常为"V"或"Q"。

双向晶闸管的实物外形见图 2-87。

双向晶闸管第一电极 T_1 与第二电极 T_2 间，无论所加电压极性是正向还是反向，只要控制极 G 和第一电极 T_1 间加有正、负极性不同的触发电压，就可触发导通呈低阻状态。双向晶闸管一旦导通，即使失去触发电压，也能继续保持导通状态。只有当第一电极 T_1、第二电极 T_2 电流减小至小于维持电流或 T_1、T_2 间当电压极性改变且没有触发电压时，双向晶闸管才截断，此时只有重新加触发电压方可导通。因此，双向晶闸管在电路中一般用于调节电压、电流或用作交流无触点开关。

（4）可关断晶闸管

可关断晶闸管 GTO（Gate Turn-Off Thyristor），亦称门控晶闸管。可关断晶闸管的电路符号是" ![控制极G 阳极A 阴极K] "，在电路中的名称标识通常为"V"或"Q"。

可关断晶闸管的实物外形见图 2-88。

图 2-87　双向晶闸管的实物外形

图 2-88　可关断晶闸管的实物外形

其主要特点是当门极加负向触发信号时晶闸管能自行关断。

【提示】▶▶▶

① 可关断晶闸管与普通晶闸管的区别是：普通晶闸管靠门极正信号触发之后，撤掉信号亦能维持通态。欲使之关断，必须切断电源，使正向电流低于维持电流，或施以反向电压强行关断。这就需要增加换向电路，不仅使设备的体积、重量增大，而且会降低效率，产生波形失真和噪声。

可关断晶闸管克服了上述缺陷，既保留了普通晶闸管耐压高、电流大等优点，又具有自关断能力，使用方便，是理想的高压、大电流开关器件。大功率可关断晶闸管已广泛用于斩波调速、变频调速、逆变电源等领域。

② 可关断晶闸管与普通晶闸管的相同之处：可关断晶闸管也属于 P-N-P-N 四层三端器件，其结构及等效电路和普通晶闸管相同。

（5）快速晶闸管

快速晶闸管是可以在 400Hz 以上频率工作的晶闸管。其开通时间为 $4 \sim 8\mu s$，关断时间为 10 ~ 60μs。主要用于较高频率的整流、斩波、逆变和变频电路。

快速晶闸管是一个 P-N-P-N 四层三端器件，其符号与普通晶闸管一样，它不仅要有良好的静态特性，尤其要有良好的动态特性。

快速晶闸管的实物外形见图 2-89。

【提示】▶▶▶

晶闸管除了上述分类方法外，还可以按封装形式进行分类，分为螺栓型普通晶闸管、平板形普通晶闸管和塑料封装晶闸管等。

普通单向晶闸管可以根据其封装形式来判断出各电极。例如：螺栓型普通晶闸管的螺栓一端为阳极 A，较细的引线端为控制极 G，较粗的引线端为阴极 K，如图 2-90 所示；平板形普通晶闸管的引出线端为控制极 G，平面端为阳极 A，另一端为阴极 K；塑料封装的普通晶闸管的中间引脚为阳极 A，且多与自带散热片相连。

图 2-89　快速晶闸管的实物外形

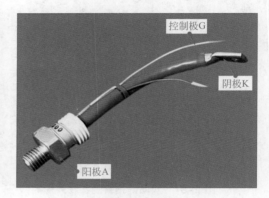

图 2-90　螺栓型普通晶闸管

2.7.2　晶闸管的电路标识

（1）识别晶闸管的电路标识

晶闸管在电子电路中有特殊的电路标识，晶闸管种类不同，电路标识也有所区别，在对电子电路识读时，通常会先从电路标识入手，了解晶闸管的种类和功能特点。

识别典型晶闸管的电路标识见图 2-91。

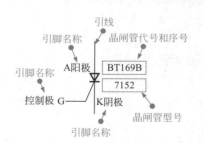

图 2-91　识别典型晶闸管的电路标识

电路符号表明了晶闸管的类型；引线由电路符号两端伸出，与电路图中的电路线连通，构成电子线路；标识信息通常提供了晶闸管的类别、在该电路图中的序号以及晶闸管型号等参数信息。

（2）识读晶闸管的标识信息

晶闸管的标识主要有"产品名称""类型""额定通态电流值""重复峰值电压级数"等相关信息。识读晶闸管的标识信息，对分析、检修电路十分重要。

识读晶闸管的标识信息见图 2-92。

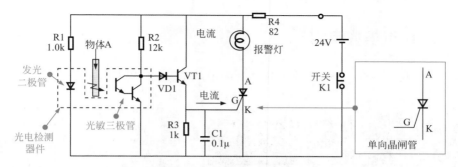

图 2-92　识读晶闸管的标识信息（1）

【提示】▶▶▶

"控制极G [阳极A][阴极K]" 在电路中表示单向晶闸管。G 在电路中表示单向晶闸管的控制极；A 在电路中表示单向晶闸管的阳极；K 在电路中表示单向晶闸管的阴极。

识读晶闸管的标识信息见图 2-93。

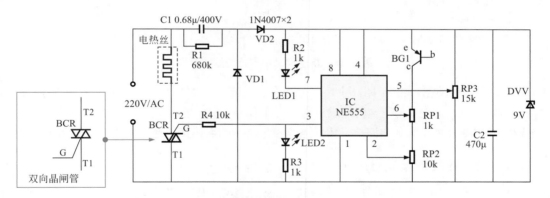

图 2-93　识读晶闸管的标识信息（2）

【提示】▶▶▶

"控制极G [第二电极T2][第一电极T1]" 在电路中表示双向晶闸管。BCR 为双向晶闸管在电路中的名称标识。G 在电路中表示双向晶闸管的控制极；T1 在电路中表示双向晶闸管的第一电极；T2 在电路中表示双向晶闸管的第二电极。

2.8 集成电路

集成电路的功能多样，种类繁多。电子产品中常见的集成电路如图 2-94 所示。

单列直插型集成电路

双列直插型集成电路

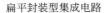

扁平封装型集成电路

金属封装型集成电路

矩形针脚插入型集成电路

球栅阵列型集成电路

图 2-94   电子产品中常见的集成电路

根据外形和封装形式的不同，主要可分为金属封装（CAN）型集成电路、单列直插（SIP）型集成电路、双列直插（DIP）型集成电路、扁平封装（FP）型集成电路、矩形针脚插入型集成电路以及球栅阵列型集成电路等。集成电路在电路中的名称标识通常为"IC"或"N"或"U"。

（1）金属封装型集成电路

金属封装型集成电路的实物见图 2-95。金属封装型集成电路的功能较为单一，引脚数较少，安装及代换都十分方便。

（2）单列直插型集成电路

单列直插型集成电路见图 2-96。单列直插式集成电路其内部电路相对比较简单，引脚数较少（3～16 只），只有一排引脚。这种集成电路造价较低，安装方便。小型的集成电路多采用这种封装形式。

（3）双列直插型集成电路

双列直插型集成电路结构较为复杂，多为长方形结构，两排引脚分别由两侧引出。

双列直插型集成电路的实物外形见图 2-97。双列直插型集成电路在家用电子产品中十分常见。

图2-95　金属封装型集成电路

图2-96　单列直插型集成电路

（4）扁平封装型集成电路

扁平封装型集成电路的引脚数目较多，且引脚之间的间隙很小。主要通过表面安装技术安装在电路板上。

扁平封装型集成电路的实物外形见图2-98。这种集成电路在数码产品中十分常见，其功能强大，体积较小，检修和更换都较为困难（需使用专业工具）。

图2-97　双列直插型集成电路

图2-98　扁平封装型集成电路

（5）矩形针脚插入型集成电路

矩形针脚插入型集成电路的引脚很多，内部结构十分复杂，功能强大。

矩形针脚插入型集成电路的实物外形见图2-99。这种集成电路多应用于高智能化的数字产品中，如计算机中的中央处理器多采用矩形针脚插入型封装形式。

（6）球栅阵列型集成电路

球栅阵列型集成电路广泛地应用在小型数码产品之中，如新型手机的信号处理集成电路。

图2-99　矩形针脚插入型集成电路

球栅阵列型集成电路的实物外形见图 2-100。这种集成电路体积小，引脚在集成电路的下方（因此在集成电路四周看不见引脚），形状为球形，采用的是表面贴片焊装技术。

图 2-100　球栅阵列型集成电路

2.8.2　集成电路的电路标识

（1）识别集成电路的电路标识

集成电路在电子电路中有特殊的电路标识，集成电路种类不同，电路标识也有所区别。在对电子电路识读时，通常会先从电路标识入手，了解集成电路的种类和功能特点。

识别典型集成电路的电路标识见图 2-101。

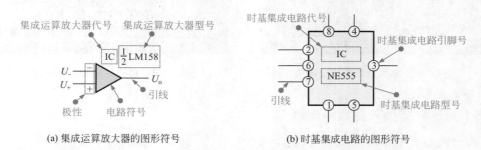

(a) 集成运算放大器的图形符号　　　　(b) 时基集成电路的图形符号

图 2-101　识别典型集成电路的电路标识

电路符号表明了集成电路的类型；引线由电路符号两端伸出，与电路图中的电路线连通，构成电子线路；标识信息通常提供了集成电路的类别、在该电路图中的序号以及集成电路型号等参数信息。

（2）识读集成电路的标识信息

集成电路的标识主要有"产品名称""类型"等相关信息。识读集成电路的标识信息，对分析、检修电路十分重要。

识读集成电路的标识信息见图2-102。

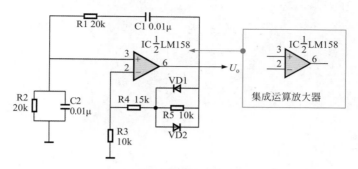

图2-102　识读集成电路的标识信息（1）

【提示】▶▶▶

"〔运算放大器符号〕"在电路中表示集成运算放大器。IC在电路中表示集成运算放大器的代号。1/2 LM158 在电路中表示集成运算放大器的型号。"+""−"在电路中表示集成运算放大器的极性。3、2、6 在电路中表示集成运算放大器的引脚号。

识读集成电路的标识信息见图2-103。

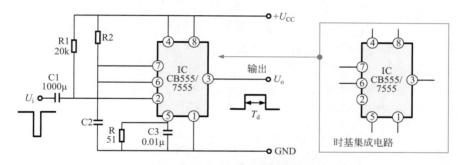

图2-103　识读集成电路的标识信息（2）

【提示】▶▶▶

"〔IC CB555/7555 符号〕"在电路中表示时基集成电路。IC 在电路中表示时基集成电路的代号。

CB555/7555 在电路中表示时基集成电路的型号。①、②、③、④、⑤、⑥、⑦、⑧在电路中表示时基集成电路引脚。

第 3 章 ▶▶▶
常用电气部件识读

3.1 开关

　　开关一般指用来控制仪器、仪表的工作状态或对多个电路进行切换的部件，该部件可以在开和关两种状态下相互转换，也可将多组多位开关制成一体，从而实现同步切换。开关电子产品中有广泛应用，是电子产品实现控制的基础部件。

　　开关的种类繁多，不同类型的开关部件，其结构存在差异，所实现的功能也各不相同。电子产品会根据功能需求选择适合的开关。因此，在电子产品中通常会看到许多种类的开关，它们有的起开关作用，有的起转换作用，有的起调节作用，图 3-1 所示为常见的开关。

按键开关的特点

旋转式开关　　　　　　　　　滑动型开关　　　　　　　　　继电器开关

图 3-1　典型电子产品所应用的开关

3.1.1　认识开关

　　开关按照其结构的不同可分为旋转式开关、按动式开关、滑动型开关、继电器开关等。

不同类型的开关的结构不同，但其原理基本相似。

（1）旋转式开关

旋转式开关是一种通过转动转柄转换电子产品相关功能的开关。旋转式开关的电路符号是　，在电路中的名称标识通常为 S。

旋转式开关的实物见图 3-2。旋转式开关的结构一般由触片、转柄、触点等组成，当转动旋转式开关的转柄时，触点与相应的选通触片接通，实现该电子产品功能的转换。

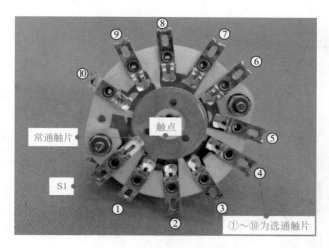

图 3-2　旋转式开关的实物

（2）按动式开关

按动式开关又称按钮开关，是一种通过按下和松开实现触点通断的开关。按动式开关的电路符号是　，在电路中的名称标识通常为 S。

按钮开关的实物外形及内部结构见图 3-3。

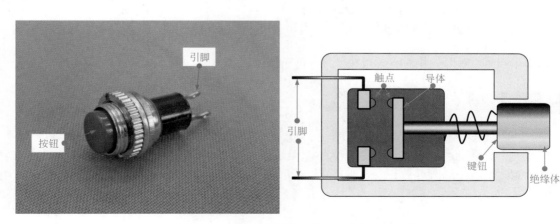

图 3-3　按钮开关的实物外形及内部结构

根据产品的不同，按动式开关分为常开型和常闭型。常开型按动式开关是在操作前处于断开状态，按下时触点闭合，放松后，按钮自动复位。常闭型按动式开关是在操作前处于闭合状态，按下时触点断开，放松后，按钮自动复位。

（3）滑动型开关

滑动型开关又称拨动型开关，是一种带有滑动杆和滑块的开关。滑动型开关具有拨动省力、定位可靠、使用方便的特点，广泛应用于电子产品中。滑动型开关的电路符号是 S1 S2 ，在电路中的名称标识通常为 S。

滑动型开关的实物外形及内部结构见图3-4。滑动开关通过拨动滑动钮，切换导体与触点的连接，实现电子产品相关功能的切换。

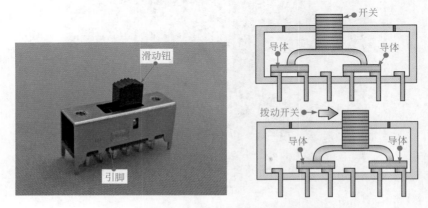

图 3-4　滑动型开关的实物外形及内部结构图

（4）继电器开关

继电器开关简称继电器，是一种受电流控制的开关，因而被称为电子控制器件，它具有控制系统（又称输入回路）和被控制系统（又称输出回路），通常应用于自动控制电路中，它实际上是用较小的电流去控制较大电流的一种"自动开关"。在电路中起着自动调节、自动操作、安全保护和检测机器运转等作用。继电器开关的电路符号是 K ，在电路中的名称标识通常为 S。继电器开关的实物外形及内部结构见图3-5。

【提示】▶▶▶

电磁继电器通电后，铁芯被磁化，产生足够大的电磁力，吸动衔铁并带动弹簧片，使动触点与静触点闭合。当线圈断电后，电磁吸力消失，弹簧片带动衔铁返回原来的位置，使动触点和静触点分开。

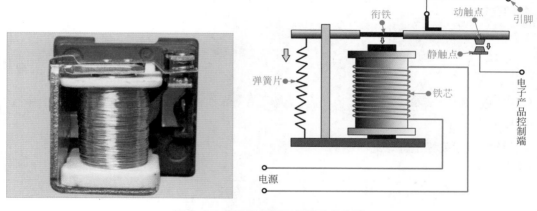

图 3-5　典型继电器开关的实物外形

3.1.2　开关的电路标识

（1）识别开关的电路标识

开关在电子电路中有特殊的电路标识，开关种类不同，电路标识也有所区别，在对电子电路识读时，通常会先从电路标识入手，了解开关的种类和功能特点。识别典型开关的电路标识见图 3-6。

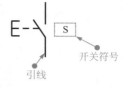

图 3-6　识别典型开关的电路标识

【提示】▶▶▶

电路符号表明了开关的类型；引线由电路符号两端伸出，与电路图中的电路线连通，构成电子线路；标识信息通常提供了开关的类别、在该电路图中的序号以及开关等参数信息。

（2）识读开关的标识信息

开关的标识主要有"开关名称标识""材料""类型""序号""允许偏差"等相关信息。识读开关的标识信息，对分析、检修电路十分重要。

识读典型开关的标识信息见图 3-7。

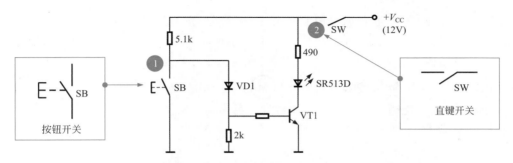

图 3-7　识读典型开关的标识信息（1）

【提示】▶▶▶

① ⊢⌐ 在电路中表示按钮开关，SB 在该电路中表示按钮开关的代号。

② ⌐ 在电路中表示直键开关，SW 在该电路中表示直键开关的代号。

识读典型开关标识信息见图 3-8。

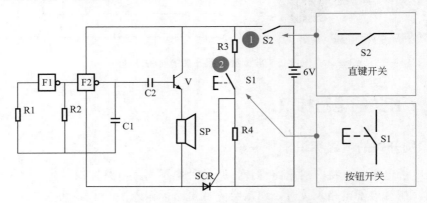

图 3-8　识读典型开关的标识信息（2）

【提示】▶▶▶

① ⌐ 在电路中表示直键开关，S2 在该电路中表示直键开关的代号和序号。

② ⊢⌐ 在电路中表示按钮开关，S1 在该电路中表示按钮开关的代号和序号。

3.2　电动机

　　电动机是一种将电能转化成机械能用来带动设备运行的最直接、最有效的设备。电动机结构比较复杂，其定子（固定不动的部分）中往往有多个线圈（绕组），通常用电感的符号表示。电动机的转子通常在电路图中不表示，或用圆圈符号表示，它在电路中的电路符号和电路标记比较简单。电动机的电路符号为"Ⓜ"（单相电动机、直流电动机）或"③～"（三相交流电动机），在电路中的名称标识通常为其名称。下面就以认识电子电路为目标，对常见电动机作系统介绍。

3.2.1　认识电动机

　　电动机种类很多，图 3-9 所示为常见电动机。

电动机的
种类特点

(a) 交流电动机   (b) 直流电动机

图 3-9 常见电动机

（1）单相交流电动机

单相交流电动机是利用单相交流电源供电，也就是由一根火线和一根零线组成的 220 V 交流市电进行供电的电动机。单相交流电动机根据其结构不同，一般可分为单相同步电动机和单相异步电动机。

① 单相异步电动机　单相异步电动机是指电动机的转动速度与供电电源的频率不同步，对于转速没有特定的要求。单相异步电动机的实物外形见图 3-10 所示。

【提示】▶▶▶

单相异步电动机的特点是结构简单、效率高、使用方便，也是目前应用比较广泛的电动机，大多应用于输出转矩大、转速精度要求不高的产品中，例如日常用的风扇、洗衣机等都是采用了单相异步电动机。根据启动方法，单相异步电动机又可分为分相式电动机和罩极式电动机两大类。

② 单相同步电动机　单相同步电动机是指电动机的转动速度与供电电源的频率保持同步，对于电动机的转速有一定的要求。

单相同步电动机的实物外形见图 3-11 所示。由于同步电动机的结构简单、体积小、消耗功率少，所以可直接使用市电进行驱动，其转速主要取决于市电的频率和磁极对数，而不受电压和负载的影响，转速稳定，主要应用于自动化仪器和生产设备中。

【提示】▶▶▶

◆ 在交流电动机中，异步电动机的转子转速总是略低于旋转磁场的同步转速，因此称其为异步电动机。

◆ 同步电动机的转子转速与负载大小无关，而始终保持与电源同步的转速。

◆ 单相交流电动机的内部结构和直流电动机基本相同，都是由定子、转子以及端盖等部分组成的，与其他电动机不同的是该类型的电动机没有启动力矩，不能自行启动，若要正常启动和运行，通常还要有一些特殊的附加起动元件，常见的启动元件主要有启动电阻、耦合变压器、离心开关、启动继电器和启动电容器等。

◆ 另外值得一提的是，实际应用中单相异步电动机的应用更为广泛一些，有时也将其称为单相感应电动机。

图 3-10　单相异步电动机的实物外形

图 3-11　单相同步电动机的实物外形

（2）三相交流电动机

三相交流电动机是利用三相交流电源供电的电动机，一般供电电压为380V。三相交流电动机根据其运行方式可分为三相异步电动机和三相同步电动机。其中三相异步电动机的应用较为广泛。

① 三相异步电动机　三相异步电动机是指其转子转速滞后于定子磁场的旋转速度。也正是由于该电动机的转子与定子旋转磁场以相同的方向、不同步的转速旋转，所以称其为三相异步电动机。

该电动机主要是由定子、转子轴承、端盖和外壳等部分构成的。对定子绕组通入三相交流电源后产生旋转磁场，并切割转子线圈，获得转矩。具有运行可靠、过载能力强及使用、安装、维护方便等优点，广泛应用于工农业机械、运输机械等设备中。

三相异步电动机根据其内部结构不同，通常分为笼型和绕线型两种。

笼型三相异步电动机的实物外形及结构示意见图3-12。笼型异步电动机的转子线圈采用嵌入式导电条做笼，这种电动机结构简单，部件较少，而且结实耐用，工作效率也高，主要应用于机床、电梯或起重机等设备中。

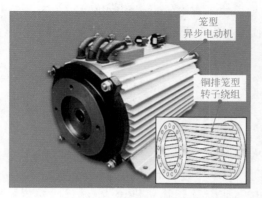

图 3-12　笼型三相异步电动机实物外形及结构示意

绕线型三相异步电动机的实物外形及内部结构如图3-13所示。绕线型异步电动机中转子采用绕线方式，可以通过滑环和电刷为转子线圈供电，通过外接可变电阻器就可方便地实现速度调节，因此其一般应用于要求有一定调速范围、调速性能好的生产机械中。

② 三相同步电动机　三相同步电动机是指转速与旋转磁场同步，其主要特点是转速不随负载变化，功率因数可调节，所以通常应用于转速恒定的大功率生产机械中。

三相同步电动机的实物外形见图3-14。

图 3-13　绕线型三相异步电动机实物外形
及内部结构

图 3-14　三相同步电动机的实物外形

（3）直流电动机

直流电动机是由直流电源（须区分电源的正负极）供给的电能，并可将电能转变为机械能的电动装置。其具有良好的启动性能，能在较宽的范围内进行平滑的无级调速，还适用于频繁启动和停止动作。

【提示】▶▶▶

直流电动机按照其定子磁场的不同，一般可以分为两种，一种是由永久磁铁作为主磁极，称为永磁式电动机；另一种是给主磁极通入直流电产生主磁场，称为电磁式电动机。电磁式电动机按照主磁极与电枢绕组接线方式的不同，通常可分为他励式、并励式、串励式和复励式。

永磁式电动机的实物外形见图 3-15。
电磁式电动机的实物外形如图 3-16 所示。

图 3-15　永磁式电动机的实物外形

图 3-16　电磁式电动机的实物外形

【提示】▶▶▶

直流电动机顾名思义为通直流电而转动的电动机，是应用领域很宽的电动机。直流电动机的种类较多，可根据其结构、应用环境不同等进行分类。其中还可根据其结构形式不同，分为直流有刷电动机和直流无刷电动机两大类。

3.2.2 电动机的电路标识

（1）识别电动机的电路标识

电动机在电子电路中有特殊的电路标识，电动机种类不同，电路标识也有所区别，在对电子电路识读时，通常会先从电路标识入手，了解电动机的种类和功能特点。

识别典型电动机的电路标识见图3-17。

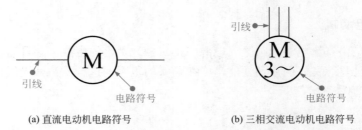

(a) 直流电动机电路符号   (b) 三相交流电动机电路符号

图 3-17 识别典型电动机的电路标识

【提示】▶▶▶

电路符号表明了电动机的类型；引线由电路符号两端伸出，与电路图中的电路线连通，构成电子线路；标识信息通常提供了电动机的类别、在该电路图中的序号以及电动机参数等信息。

（2）识读电动机的标识信息

电动机的标识主要有"电动机名称标识""材料""类型""序号""允许偏差"等相关信息。识读电动机的标识信息，对分析、检修电路十分重要。

识读典型电动机的标识信息见图3-18。

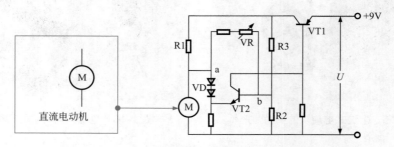

图 3-18 识读典型电动机的标识信息（1）

"—Ⓜ—" 在电路中表示直流电动机。M 在该电路中表示直流电动机的代号。

识读典型电动机的标识信息见图3-19。

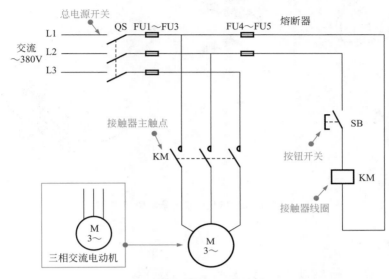

图 3-19　识读典型电动机的标识信息（2）

"Ⓜ₃~" 在电路中表示三相交流电动机。M3~ 在该电路中表示三相交流电动机的代号。

3.3　变压器

变压器是一种由两个或多个电感线圈构成的，利用电感线圈靠近时的互感原理，将电能或信号从一个电路传向另一个电路的电气部件。它传输交流电，隔离直流电，并可同时实现电压变换、阻抗变换和相位变换，变压器各绕组线圈互不相通，但交流电压可以通过磁场耦合进行传输。下面就以认识电子电路为目标，对常见变压器作系统介绍。

3.3.1　认识变压器

变压器主要由初级线圈、次级线圈和铁芯等部分组成。如果线圈是空心的，所构成的变压器则称为空心变压器，若在绕制好的线圈中插入了铁氧体磁芯便构成了磁芯变压器，如果在线圈中插入铁芯（硅钢片），则称为铁芯变压器。常见的变压器实物外形见图3-20。

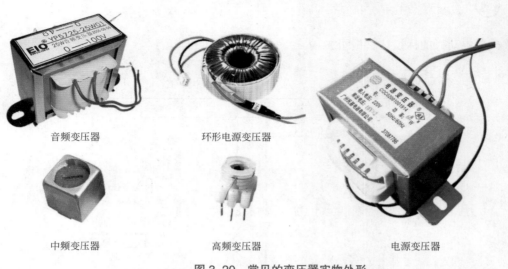

变压器的种类特点

音频变压器　　　　　　　环形电源变压器　　　　　　　　　电源变压器

中频变压器　　　　　　　高频变压器

图3-20　常见的变压器实物外形

【提示】▶▶▶

　　变压器通常只有一组初级线圈，但是次级线圈可以是一组，也可以是多组，初级绕组和次级线圈都可以有抽头。

　　变压器的电路符号是" "（空心变压器）或" "（铁芯变压器、磁芯变压器），在电路中的名称标识通常为"T"。根据工作频率的不同，变压器可分为低频变压器、中频变压器和高频变压器。

（1）低频变压器

　　常见的低频变压器主要有电源变压器和音频变压器两种。在实际应用的电路中又可分为输入变压器、输出变压器、级间耦合变压器、推动变压器及线间变压器等。

　　① 电源变压器　　电源变压器主要用来改变供电电压或电流的变压器。常见的变压器实物外形主要有环形铁芯变压器和E形铁芯变压器。

　　环形铁芯变压器和E形铁芯变压器的实物见图3-21。

【提示】▶▶▶

　　电源变压器的种类不同，外形各异，但基本结构大体一致，主要由铁芯、线圈、线框、固定零件和屏蔽层构成。

　　② 音频变压器　　音频变压器是传输音频信号的变压器。小功率音频变压器的实物外形见图3-22。根据功能音频变压器可分为输入变压器和输出变压器，它们分别接在功率放大器的

输入级和输出级。

(a) 环形铁芯变压器

(b) E形铁芯变压器

图 3-21　环形铁芯变压器和 E 形铁芯变压器的实物外形

（2）中频变压器

中频变压器简称中周。中频变压器的外形和电路符号见图 3-23。中频变压器的适用范围从几千赫兹（kHz）至几十兆赫兹（MHz）。

图 3-22　音频变压器的实物外形

电路符号

图 3-23　中频变压器

【提示】▶▶▶

　　中频变压器是具有选频功能的变压器，在超外差收音机中，它起到了选频和耦合作用，在很大程度上决定了收音机的灵敏度、选择性和通频带等指标。其谐振频率在调幅式收音机中为 465kHz，在调频式收音机中为 10.7MHz，电视机的中频变压器为 38MHz。中频变压器内部结构见图 3-24。

　　一般采用工帽形或螺纹调杆形结构，并用金属外壳做屏蔽罩，在磁帽顶端涂有色漆，以区别于外形相同的中频变压器和振荡线圈。

（3）高频变压器

高频变压器在电子产品中的应用十分广泛，主要用于收音机、电视机、手机、卫星接收机的调谐电路。

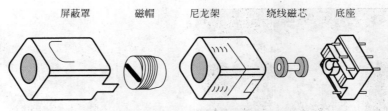

图3-24　中频变压器的内部结构

图3-25　高频变压器的实物外形

高频变压器的实物外形见图3-25。根据工作性质的不同，高频变压器又可分为高频信号变压器和高频功率变压器。高频功率变压器常见的主要有行输出变压器、行激励变压器及开关变压器等。

①　行输出变压器　行输出变压器用于电视机和电脑显示器中。由于行输出变压器受行逆程脉冲（回扫脉冲）的作用，因而又称行回扫变压器。

行输出变压器的实物外形及电路结构见图3-26。行输出变压器能输出几万伏的高压和几千伏的副高压，故又称高压变压器，简称高压包。行输出变压器的线圈结构很复杂，不同机型中采用的行输出变压器的线圈结构不同。

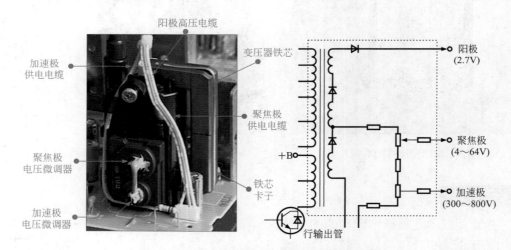

图3-26　行输出变压器的实物外形及电路结构

②　行激励变压器　行激励变压器的外形比较小巧，是电视机中常见的变压器之一。行激励变压器的实物外形见图3-27。电视机中的行激励变压器是将行激励放大器放大的行扫描脉冲信号送到行输出级晶体管的基极，以便能给行输出晶体管基极提供足够的电流。脉冲信号经过该变压器，输出电压幅度降低，输出电流增加。

③　开关变压器　开关变压器是一种脉冲变压器，它应用于开关电源中。其工作频率较高（1～50kHz），体积较小。

图 3-27　行激励变压器的实物外形

开关变压器的实物外形与电路符号见图 3-28。芯片使用铁氧体，主要的功能是将高压脉冲变成多组低压脉冲。

3.3.2　变压器的电路标识

（1）识别变压器的电路标识

变压器在电子电路中有特殊的电路标识，变压器种类不同，电路标识也有所区别，在对电子电路识读时，通常会先从电路标识入手，了解变压器的种类和功能特点。

典型变压器的电路标识见图 3-29。

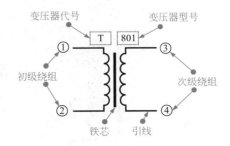

图 3-28　开关变压器的实物外形与电路符号　　　图 3-29　典型变压器的电路标识

【提示】▶▶▶

电路符号表明了变压器的类型；引线由电路符号两端伸出，与电路图中的电路线连通，构成电子线路；标识信息通常提供了变压器的类别、在该电路图中的序号以及变压器功率等参数信息。

（2）识读变压器的标识信息

变压器的标识主要有"产品名称""功率（W）或外形尺寸""代号""级数"等相关信息。

识读变压器的标识信息，对分析、检修电路十分重要。

典型变压器的标识信息如图 3-30 所示。

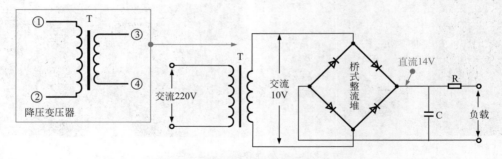

图 3-30　典型变压器的标识信息（1）

【提示】▶▶▶

" " 在电路中表示降压变压器。T 在电路中表示降压变压器的代号。①、②
在该电路中表示降压变压器初级绕组；③、④在该电路中表示降压变压器次级绕组。

典型变压器的标识信息见图 3-31。

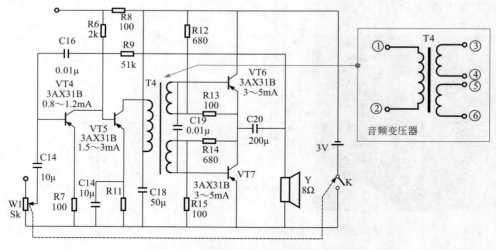

图 3-31　典型变压器的标识信息（2）

【提示】▶▶▶

" " 在电路中表示音频变压器。T4 在电路中表示音频变压器的代号和序号。①、
②在该电路中表示音频变压器初级绕组；③、④和⑤、⑥在该电路中表示音频变压器次
级绕组。

3.4 电位器

电位器实际上是一种可变电阻器，在电气设备中，主要用于阻值经常调整且要求阻值稳定可靠的场合。电位器有三个引出端，其中两个为固定端，其间电阻值最大，一个为活动端，活动端与转轴相连，转轴可以改变触点的位置，进而改变电阻值。下面就以认识电子电路为目标，对常见电位器作系统介绍。

3.4.1 认识电位器

电位器的
种类特点

电位器种类繁多，主要有：线绕电位器、碳膜电位器、合成碳膜电位器、实芯电位器、导电塑料电位器、单联电位器、双联电位器、单圈电位器、多圈电位器、直滑式电位器。电位器的电路符号是"⌐⟍▭"，在电路中的名称标识通常为"RP"或简称"R"。

（1）线绕电位器

线绕电位器是用康铜丝和镍铬合金丝绕在一个环状支架上制成的。

线绕电位器的实物外形见图3-32。线绕电位器具有功率大、耐高温、热稳定性好且噪声低的特点，阻值变化通常是线性的，用于大电流调节的电路中。但由于电感量大，不宜用在高频电路场合。

（2）碳膜电位器

碳膜电位器的实物外形见图3-33。碳膜电位器具有结构简单、绝缘性好、噪声小且成本低的特点，因而广泛用于家用电子产品中。

图3-32　线绕电位器的实物外形

图3-33　碳膜电位器的实物外形

（3）合成碳膜电位器

合成碳膜电位器是由石墨、石英粉、炭黑、有机黏合剂等配成的一种悬浮液，涂在纤维板或胶纸板上制成的。

合成碳膜电位器的实物外形见图3-34。合成碳膜电位器具有阻值变化连续、阻值范围宽、成本低，但对温度和湿度的适应性差等特点。

（4）实心电位器

实芯电位器用炭黑、石英粉、黏合剂等材料混合加热压制构成电阻体，然后再压入塑料基体上经加热聚合而成的。

实芯电位器的实物外形见图3-35。实芯电位器可靠性高，体积小，阻值范围宽，耐磨性、耐热性好，过负载能力强。但是噪声较大，温度系数较大。

图 3-34　合成碳膜电位器的实物外形　　　　图 3-35　实芯电位器的实物外形

（5）导电塑料电位器

导电塑料电位器就是将 DAP（邻苯二甲酸二烯丙酯）电阻浆料覆在绝缘机体上，加热聚合成电阻膜。

导电塑料电位器的实物外形如图3-36所示。

导电塑料电位器具有平滑性好、耐磨性好、寿命长、可靠性极高、耐化学腐蚀的特点，可用于宇宙装置、飞机雷达天线的伺服系统等。

（6）单联电位器

单联电位器是一种具有独立转轴的电位器。

单联电位器的实物外形见图3-37。单联电位器常用于高级收音机、录音机、电视机中的音量控制的开关式旋转电位器。

图 3-36　导电塑料电位器的实物外形　　　　图 3-37　单联电位器的实物外形

（7）双联电位器

双联电位器是两个电位器装在同一个轴上，两电位器同步调整，即同轴双联电位器。

双联电位器的实物外形见图3-38。双联电位器常用于高级收音机、录音机、电视机中的双声道音量控制器件。

（8）单圈电位器

单圈电位器的实物外形见图3-39。普通的电位器和一些精密的电位器大部分多为单圈电位器。

图3-38　双联电位器的实物外形

图3-39　单圈电位器的实物外形

（9）多圈电位器

多圈电位器的实物外形见图3-40。多圈电位器的结构大致可以分为两种：一种是电位器的动接点沿着螺旋形的绕组作螺旋运动来调节阻值；另一种是通过蜗轮、蜗杆来传动，电位器的接触刷装在轮上并在电阻体上作圆周运动。

（10）直滑式电位器

直滑式电位器采用直滑方式改变阻值的大小，一般用于调节音量。

直滑式电位器的实物外形见图3-41。直滑式电位器是通过推移拨杆改变阻值，即改变输出电压的大小，从而达到调节音量的目的。

图3-40　多圈电位器的实物外形

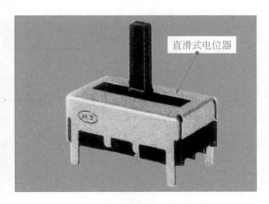

图3-41　直滑式电位器的实物外形

（1）识别电位器的电路标识

电位器在电子电路中有特殊的电路标识，电位器种类不同，电路标识也有所区别，在对电子电路识读时，通常会先从电路标识入手，了解电位器的种类和功能特点。

典型电位器的电路标识见图 3-42。

【提示】▶▶▶

电路符号表明了电位器的类型；引线由电路符号两端伸出，与电路图中的电路线连通，构成电子线路；标识信息通常提供了电位器的类别、在该电路图中的序号以及电位器参数等信息。

（2）识读电位器的标识信息

电位器的标识主要有"电位器名称标识""材料""类型""序号""允许偏差"等相关信息。识读电位器的标识信息，对分析、检修电路十分重要。

典型电位器的标识信息见图 3-43。

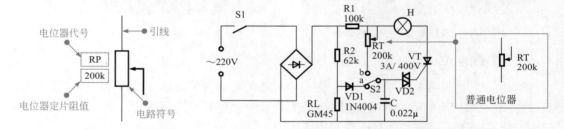

图 3-42 典型电位器的电路标识　　　图 3-43 典型电位器的标识信息（1）

【提示】▶▶▶

"⬚" 在电路中表示普通电位器。RT 在该电路中表示普通电位器的代号。200k在该电路中表示普通电位器的定片阻值为 200kΩ。

典型电位器的标识信息见图 3-44。

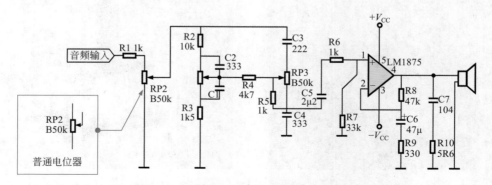

图 3-44 典型电位器的标识信息（2）

【提示】▶▶▶

　　"——" 在电路中表示普通电位器。RP2 在该电路中表示普通电位器的代号和序号。B50 k 在该电路中表示普通电位器的定片阻值为 50kΩ。

第4章 ▶▶▶
基本电子电路识读

4.1　电阻串联电路

电阻串联电路是电路中最基本的电路形式之一，它主要是指将两个以上的电阻依次首尾相连形成的电路。

4.1.1　电阻串联电路的特点

在电阻串联电路中，只有一条电流通路，即流过电阻器的电流都是相等的，这些电阻器的阻值相加就是该电路中的总阻值，每个电阻器上的电压根据每个电阻器阻值的大小，按比例分配。

电阻串联电路的基本结构见图4-1。

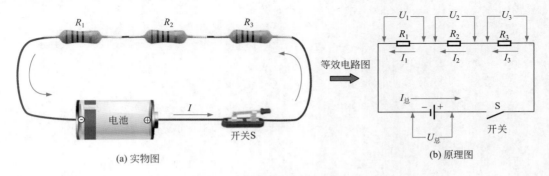

图 4-1　电阻串联电路结构

【提示】▶▶▶

图中，$U_总 = U_1 + U_2 + U_3$，$R_总 = R_1 + R_2 + R_3$，$I_总 = I_1 = I_2 = I_3$

电路中各串联电阻上的电压分配与各电阻值成正比。

电路中，$U_1 = I_1 R_1 = IR_1$，因$I = \dfrac{U}{R_1 + R_2 + R_3}$，所以有$U_1 = U\dfrac{R_1}{R_1 + R_2 + R_3}$

同理，$U_2 = U\dfrac{R_2}{R_1 + R_2 + R_3}$，$U_3 = U\dfrac{R_3}{R_1 + R_2 + R_3}$

可以看出，在电阻串联电路中，电阻值越大，该电阻两端的电压就越高。

根据电阻串联电路的特性，便可以通过调整串联电阻器数量或改变串联电阻器阻值的方式对电路进行调整，以实现相应的功能。

电阻串联电路实际应用见图4-2。

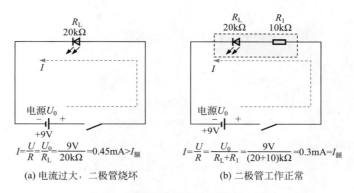

$$I = \frac{U}{R} = \frac{U_0}{R_L} = \frac{9V}{20k\Omega} = 0.45mA > I_{额}$$

$$I = \frac{U}{R} = \frac{U_0}{R_L + R_1} = \frac{9V}{(20+10)k\Omega} = 0.3mA = I_{额}$$

(a) 电流过大，二极管烧坏　　　　　　(b) 二极管工作正常

图4-2　电阻串联电路及等效电路

【提示】▶▶▶

已知该发光二极管的额定电流为$I_{额} = 0.3mA$，图4-2（a）为一只发光二极管工作在9V电压下的状态，可以算出，该电路电流为0.45mA，超过了发光二极管的额定电流，当开关接通后，会烧坏发光二极管。图4-2（b）是为其串联一个电阻后的工作状态，图4-2（b）中电阻和发光二极管串联后，其总电阻值为30kΩ，电压不变，其电流为0.3mA，发光二极管发光正常。

4.1.2　电阻串联电路的识读

根据上述内容了解到，电阻串联电路是实用电子电路中的一个构成元素，因此对其进行识读时，可首先在电路中找到该基本单元，然后根据该电路的基本功能识读其在实用电路中的作用，这对整体识别整个电子产品电路起至关重要的作用。下面就结合一些实用电子产品电路，来介绍一下简单电阻串联电路的识图分析。

（1）音频放大电路中的电阻串联电路

音频放大电路主要功能就是放大音频信号，下面以简单的音频放大电路为例，对其中的电阻串联及整个电路进行识图分析。

简单的音频放大电路的识图分析如图4-3所示。

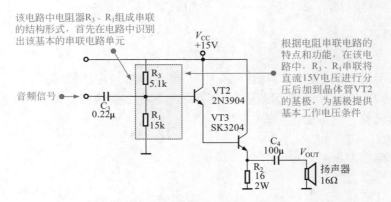

该电路中电阻器R$_3$、R$_1$组成串联的结构形式，首先在电路中识别出该基本的串联电路单元

根据电阻串联电路的特点和功能，在该电路中，R$_3$、R$_1$串联将直流15V电压进行分压后加到晶体管VT2的基极，为基极提供基本工作电压条件

简单的音频放大电路

图4-3　简单的音频放大电路的识读

【提示】▶▶▶

根据串联电路了解到，直流15V电压，经串联电阻R$_3$和R$_1$分压后为晶体管基极提供直流电压；同时，15V直接加到晶体管VT2和VT3的集电极，为晶体管提供集电极偏压。此时，来自前级电路中的音频信号经耦合电容C$_3$加到晶体管VT2基极，经其放大后由发射极输出，再经晶体管VT3放大后，由其发射极输出，为VT3基级提供激励信号，最后经电容器C$_4$耦合到扬声器上，驱动扬声器发出声音。

（2）小功率可变直流稳压电源电路中的电阻串联电路

小功率可变直流稳压电路的主要功能是用来将220V交流电压变为多路直流电压，为后级的电路进行供电。

一种小功率可变直流稳压电源电路见图4-4。

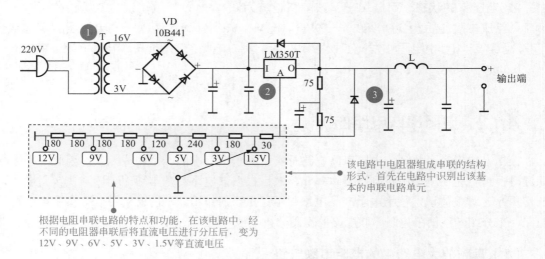

该电路中电阻器组成串联的结构形式，首先在电路中识别出该基本的串联电路单元

根据电阻串联电路的特点和功能，在该电路中，经不同的电阻器串联后将直流电压进行分压后，变为12V、9V、6V、5V、3V、1.5V等直流电压

图4-4　小功率可变直流稳压电源电路

首先对电阻串联电路进行识读，由 8 个电阻器组成的串联电路实现分压功能，在该部分又设有 6 个输出点，当开关打在不同的输出点上时，可以提供图 4-4 中 6 组电压数值输出，进而实现输出直流电压可变的功能。

① 交流 220 V 电压经变压器 T 后输出交流低压。

② LM350T 为稳压控制器，可以输出不同的直流电压。

③ 该电容为滤波电容，起到滤波作用。

例如，当开关打在 30Ω 电阻器左侧输出点时，相当于将一个 30Ω 的电阻器接在稳压器调整端，其他 7 只电阻器被短路，控制稳压器输出端输出 1.5V 电压；当开关打在 180Ω 电阻器左侧输出点时，相当于将一个 30Ω 的电阻器和一个 180Ω 电阻器串联后接在稳压器调整端，其他 6 只电阻器被短路，控制稳压器输出端输出 3V 电压，以此类推，当开关置于不同的输出端上时，可控制稳压器 LM350T 输出 1.5V、3V、5V、6V、9V、12V 6 种电压值。

4.2 电阻并联电路

电阻并联电路是电路中最基本的电路形式之一，它主要是指将两个以上的电阻按首首和尾尾方式形成的电路，并接在电路的两点之间。

4.2.1 电阻并联电路的特点

在电阻串联电路中，各并联电阻两端的电压都相等，电路中的总电流等于各分支的电流之和，且电路中的总电阻的倒数等于各并联电阻的倒数和。

3 个电阻并联电路基本结构见图 4-5。电阻并联电路的主要作用是进行分流。当几个电阻器并联到一个电源电压两端时，则通过每个电阻器的电流和它们的电阻值成反比。在同一个

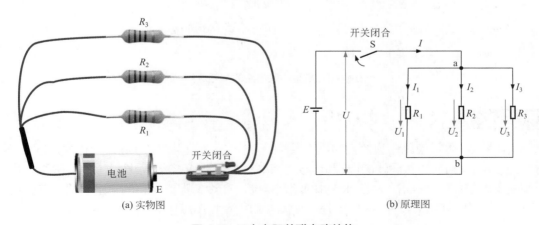

(a) 实物图   (b) 原理图

图 4-5　3 个电阻并联电路结构

并联电路中，电阻值越小流过电阻的电流越大；相同值的电阻器流过的电流相等。

【提示】▶▶▶

图 4-5 中：

● 各并联电阻两端的电压相等：

$$U = U_1 = U_2 = U_3$$

因为各电阻两端分别接在电路的 a 与 b 点之间，所以各电阻两端电压与电路总电压都相等。

● 电路的总电流等于各分支的电流之和：

$$I = I_1 + I_2 + I_3$$

根据电流连续性原理，流入 a 点的电流 I 应等于 a 点流出的电流 I_1、I_2、I_3 之和。

● 电路的等效电阻（总电阻）的倒数等于各并联电阻的倒数和：

$$\frac{1}{R} = \frac{1}{R_1} + \frac{1}{R_2} + \frac{1}{R_3}$$

● 电路中流过电阻的电流值与各电阻值成反比。

$I_1 R_1 = U_1 = U$，$I_2 R_2 = U_2 = U$，$I_3 R_3 = U_3 = U$，所以 $I_1 R_1 = I_2 R_2 = I_3 R_3$，则可得下式：

$$I_1 : I_2 : I_3 = \frac{1}{R_1} : \frac{1}{R_2} : \frac{1}{R_3}$$

可以看出，在电阻并联电路中电阻越小，流过该电阻的电流就越大。

电阻并联电路的实际应用如图 4-6 所示。

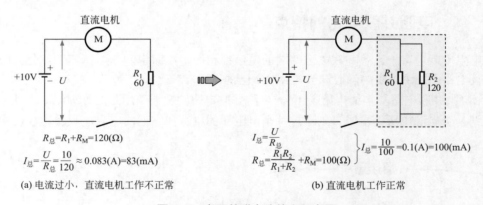

(a) 电流过小，直流电机工作不正常   (b) 直流电机工作正常

图 4-6　电阻并联电路的实际应用

【提示】▶▶▶

由图 4-6 可知电路中直流电机的额定电压为 6V，额定电流 100mA，电动机的内阻 R_M 为 60Ω，当把一个 60Ω 的电阻 R_1 与之串联并接到 10V 电源两端后，根据欧姆定律计算得电流约为 83mA，达不到电机的额定电流。在没有阻值更小的电阻器情况下，将一个 120Ω 的电阻器 R_2 并联在 R_1 上，根据并联电路中总电阻计算公式可得

$$\frac{1}{R_{总}} = \frac{1}{R_1} + \frac{1}{R_2}$$

化简即得：$R_{总} = \dfrac{R_1 R_2}{R_1 + R_2} + R_M = \dfrac{60 \times 120}{60 + 120} + 60 = 100(\Omega)$

那么，干路中的电流 $I_{总} = \dfrac{U}{R_{总}} = \dfrac{10\text{V}}{100\Omega} = 100(\text{mA})$，即达到直流电机的额定电流，电路工作达到正常状态。

【扩展】▶▶▶

在一个电路中，既有电阻串联又有电阻并联的电路称为电阻串并联电路，也叫混联电路。电阻串并联电路的形式很多，应用广泛。图4-7所示为几种电阻的串并联电路。

分析这些电路的结构进一步简化串联电路、并联电路。首先，计算出并联部分的总电阻值，然后将并联部分的总电阻值加上串联电路的电阻值就得到了这个串并联电路的总电阻值。其他参数值也都可以计算出来了。

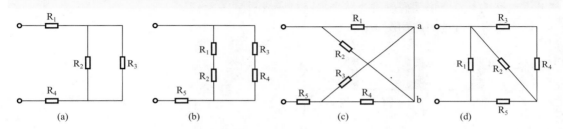

图4-7　几种电阻的串并联电路

4.2.2　电阻并联电路的识读

根据上述内容了解到，电阻并联电路是实用电子电路中的一个构成元素，因此对其进行识读时，可首先在电路中找到该基本单元，然后根据该电路的基本功能识读其在实用电路中的作用，这对整体识别整个电子产品电路至关重要。下面以简单的彩色照明灯电路为例，来介绍一下简单电阻并联电路的识图分析。

简单的彩色照明灯电路见图4-8。

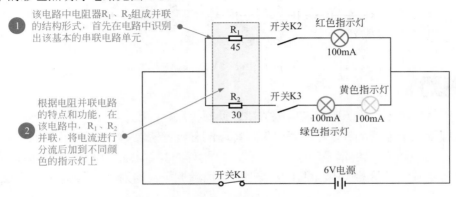

图4-8　简单的彩色照明灯电路

通过上图可知，电阻器 R_1（45Ω）和 R_2（30Ω）并联使用，组成分流电路。6V 直流电压经总开关 K1 后，再经电阻并联电路为不同颜色的指示灯进行供电，其中红色指示灯与 R_1 串联，当开关 K2 接通时，指示灯发光；绿色和黄色指示灯与电阻器 R_2 串联，当开关 K3 接通时，绿色和黄色指示灯发光，此时电阻 R_1 和 R_2 处于并联状态。

4.3 电容串联电路

电容串联电路是电路中最基本的电路形式之一，它主要是指将两个以上的电容依次首尾相连，中间无分支形成的电路。

4.3.1 电容串联电路的特点

串联电路中通过每个电容的电流相同。同时，在串联电路中仅有一个电流通路。当开关打开或电路的某一点出现问题时，整个电路将变成断路。

两个电容串联的电路如图 4-9 所示。

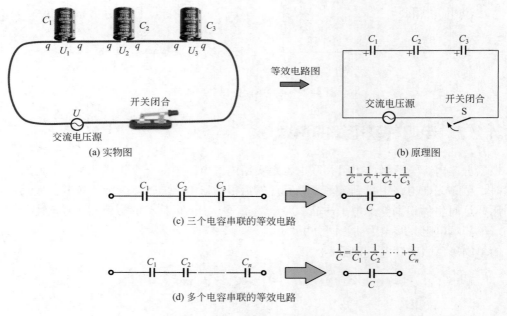

图 4-9　电容串联电路结构

【提示】▶▶▶

在电容串联电路中，电容与电阻的串联计算相反，即电容串联时，三个电容的总电容倒数等于三个电容倒数之和。多个电容串联的总电容的倒数等于各电容的倒数之和。

当外加电压 U 加到串联电容两端时，中间电容的各个极板则由于静电感应而产生感应电荷，感应电荷的大小与两端极板上的电荷量相等，均为 q，已知电荷量的公式为

$$q = CU$$

则

$$q = C_1 U_1 = C_2 U_2 = C_3 U_3$$

每个电容所带的电量为 q，因此这个电容组合体的总电量也是 q。由串联电路的总电压公式可知电容串联时的总电压是

$$U = U_1 + U_2 + U_3 = \frac{q}{C_1} + \frac{q}{C_2} + \frac{q}{C_3} = q\left(\frac{1}{C_1} + \frac{1}{C_2} + \frac{1}{C_3}\right)$$

由上述公式可见，串联电容上的电压之和等于总输入电压，因而串联电路具有分压功能。

有极性电解电容串联时，若将电容的两个正极相连，进行逆串联，如图4-10所示，则连接后的电容量是两个电容器平均电容量的1/2，得到的是一个无极性的电解电容。

图 4-10　将有极性电容进行逆串联

4.3.2　电容串联电路的识读

由于电容器自身具有通交流隔直流的作用，因此分析包含由电容串联的电路，对直流供电部分的识读时，可将电容器的部分视为线路断路；只有对交流信号的传输过程分析时才考虑该元件。

充电器是目前电子设备中应用比较广泛的设备，充电器电路就是将交流 220V 电压变为直流电压输出的电路。下面以简单的充电器电路为例，对其中的电容串联电路和整机电路进行分析。

简单的充电器电路见图 4-11。

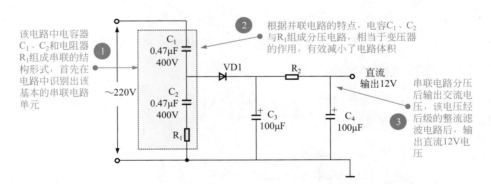

图 4-11　简单的充电器电路

【提示】▶▶▶

根据电路图可知，电容器 C_1 与 C_2 为串联电路，并与电阻器 R_1 串联组成分压电路，起变压器的作用，实现将交流 220V 降压后输出。由分压电路降压后输出的交流低压，首先经二极管 VD1 整流后，成为脉动较大的直流电压，再由 C_3、R_2、C_4 构成的滤波电路滤波后，输出较平滑的直流电压。

另外，该电路中通过改变 R_1 的大小，还可以改变电容分压电路中压降的大小，进而可以改变输出的直流电压值。这种电路体积小、结构简单，但稳定性能差。注意该电路没有与市电隔离，地线有可能带交流高压，防止发生触电事故。

4.4　基本 RC 电路

RC 电路是一种由电阻器和电容器按照一定的方式进行连接的功能单元。学习该类电路识图时，应首先认识和了解该类电路的结构形式，接下来再结合具体的电路单元弄清楚其电路特点和功能。最后，根据其结构特点，在实际电子产品电路中，找到该电路单元，再进行识读，以帮助分析和理解整个电子产品电路。

4.4.1　基本 RC 电路的特点

根据不同的应用场合和功能，RC 电路通常有两种结构形式，一种是 RC 串联电路，另一种是 RC 并联电路，见图 4-12。

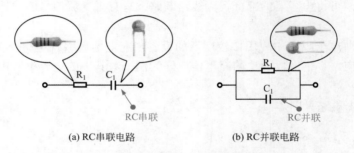

(a) RC串联电路　　　　　(b) RC并联电路

图 4-12　RC 电路的结构形式

（1）RC 串联电路的特点

电阻器和电容器串联连接后的组合称为 RC 串联电路，该电路多与交流电源连接。电阻器和纯电容器串联连接于交流电源的电路见图 4-13。

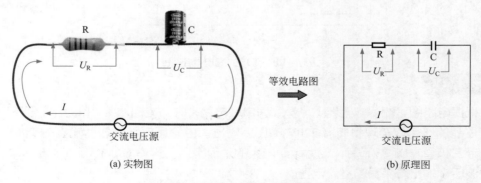

(a) 实物图　　　　　　　(b) 原理图

图 4-13　RC 串联电路结构

电路中流动的电流引起了电容器和电阻器上的电压降，这些电压降与电路中电流及各自的电阻值或容抗值成比例。电阻器电压 U_R 和电容器电压 U_C 用欧姆定律表示为（X_C 为容抗）：

$$U_R=IR$$
$$U_C=IX_C$$

【提示】▶▶▶

在纯电容电路中，电压和电流相互之间的相位差为 90°。在纯电阻电路中，电压和电流的相位相同。在同时包含电阻和电容的电路中，外施电压和电流之间的相位差在 0° ～ 90° 之间。

当 RC 串联电路连接于一个交流源时，外施电压和电流的相位差在 0° ～ 90° 之间。相位差的大小取决于电阻和电容的比例。相位差均用角度表示。

（2）RC 并联电路的特点

电阻器和电容器并联连接于电路中的组合称为 RC 并联电路。

电阻器和纯（理想）电容器并联连接于交流电压源电路见图 4-14。

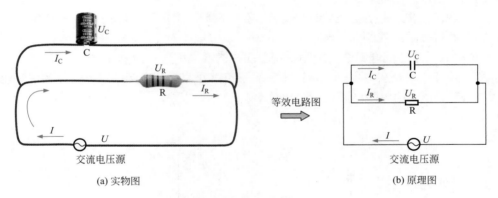

图 4-14　RC 并联电路

与所有并联电路相似，在 RC 并联电路中，外施电压 U 直接加在各个支路上。因此各支路的电压相等，都等于外施电压，并且三者之间的相位相同。因为整个电路的电压相同，当知道任何一个电路电压时，将会知道所有电压值。

$$U=U_R=U_C$$

【提示】▶▶▶

RC 元件除构成简单的串并联电路外，还有一种常见的电路为 RC 正弦波振荡电路。该电路是利用电阻器和电容器的充放电特性构成的。RC 的值选定后它们的充放电时间（周期）就固定为一个常数，也就是说它有一个固定的谐振频率。一般用来产生频率在 200kHz 以下的低频正弦信号。常见的 RC 正弦波振荡电路有桥式、移相式和双 T 式等几种，如图 4-15 所示。由于 RC 桥式正弦波振荡电路具有结构简单、易于调节等优点，应用广泛。

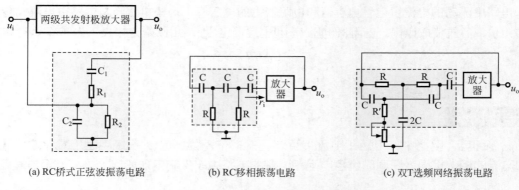

(a) RC桥式正弦波振荡电路　　　(b) RC移相振荡电路　　　(c) 双T选频网络振荡电路

图 4-15　RC 正弦波振荡电路

【扩展】►►►

　　一些通信类的电子产品中，RC 构成的滤波电路是这类电子产品中不可缺少的部分。滤波器可以过滤掉特定频率的信号或允许特定频率的信号通过。滤波电路可以将所需信号和不需要的信号分离开来，阻止干扰信号，提高所需要信号的质量。

　　RC 构成的滤波器主要分为低通和高通滤波器两种。电容器在电路中的位置决定了滤波器是低通还是高通。

　　低通滤波器的特性是从零到一个特定频率的所有信号可以自由地通过并传输到负载，高频信号被阻止或削弱。

　　RC 串联组成的低通滤波器及频率响应曲线的最简单形式见图 4-16。

　　高通滤波器阻止从零到一个特定频率的所有信号，但特定频率以上的高频信号可自由通过。简单的 RC 串联高通滤波器及频率响应曲线见图 4-17。

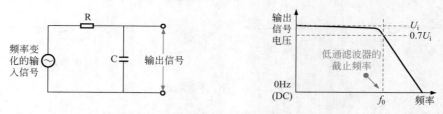

图 4-16　低通滤波器及频率响应曲线

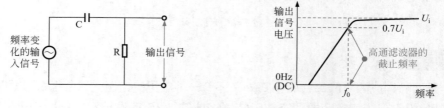

图 4-17　高通滤波器及频率响应曲线

4.4.2　基本 RC 电路的识读

　　RC 电路是构成实际电子产品电路中重要的功能单元，主要功能是在电路中起到振荡和滤波的作用。下面，根据其这一特点，结合一些实用电子产品电路来介绍一下 RC 电路的识图技巧。

（1）简单 LED 显示电路中的基本 RC 电路

LED 显示电路是一种经常用来做指示灯用的电路，通过交流电源或直流电源为 LED 发光二极管供电，从而使 LED 发光二极管发光。下面以简单的 LED 显示电路为例，介绍基本 RC 电路和整机电路的识读方法。

简单 LED 显示电路见图 4-18。

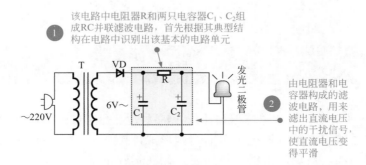

图 4-18　简单 LED 显示电路具体识读过程

【提示】▶▶▶

图中的电阻器 R 和电容器 C_1、C_2 组成并联电路，交流 220V 电压经变压器变成 6V 交流电压，再经整流二极管整流成直流电压，直流电压是波动较大的电压。在整流二极管的输出端接上一个电阻和两个电解电容 C_1、C_2，就可以起到较好的滤波作用，使直流电压的波动减小。

（2）简单直流稳压电源电路中的基本 RC 电路

直流稳压电源电路主要用来将交流 220V 电压变为直流电压，为电子产品供电。下面以简单的直流稳压电源电路为例，介绍基本 RC 电路及整机电路的识图方法。

一种简单的直流稳压电源电路见图 4-19。

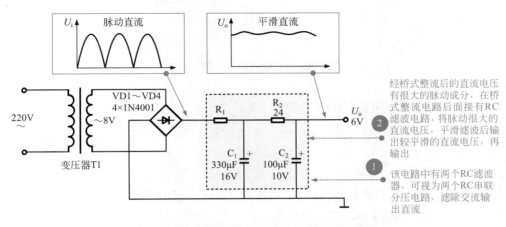

图 4-19　直流稳压电源电路的具体识图过程

图中，电阻器 R_1、R_2 和电容器 C_1、C_2 组成两级基本的 RC 电路。交流 220V 变压器降压后输出 8V 交流低压，8V 交流电压经桥式整流电路输出约 11V 直流电压，该电压经两级 RC 滤波后，输出较稳定的 6V 直流电压。

【提示】▶▶▶

交流电压经桥式整流堆整流后变为直流电压，且一般满足 $U_{直} = 1.37 U_{交}$，例如，220V 交流电压经桥式整流后输出约 300V 直流电压；8V 交流电压经桥整流堆输出约 11V 直流电压。

4.5 基本 LC 电路

LC 电路是一种由电容器和电感器按照一定的方式进行连接的功能单元。学习该类电路识图时，应首先认识和了解该类电路的结构形式，接下来再结合具体的电路单元弄清楚其电路特点和功能。最后，根据其结构特点，在实际电子产品电路中，找到该电路单元，再进行识读，以帮助分析和理解整个电子产品电路。

4.5.1 基本 LC 电路的特点

由电容和电感组成的串联或并联电路中，感抗和容抗相等时，电路成为谐振状态，该电路称为 LC 谐振电路。LC 谐振电路又可分为 LC 串联谐振电路和 LC 并联谐振电路两种，如图 4-20 所示。

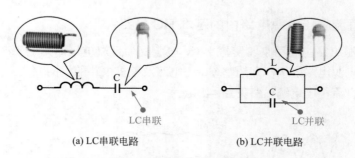

(a) LC串联电路   (b) LC并联电路

图 4-20　LC 谐振电路的结构形式

（1）LC 串联谐振电路的特点

LC 串联谐振电路是指将电感器和电容器串联后形成的，且为谐振状态（关系曲线具有相同的谐振点）的电路。

LC 串联谐振电路的结构和关系曲线见图 4-21。

在串联谐振电路中，当信号接近特定的频率时，电路中电流达到最大，电感 L 和电容 C 上的电压也达到最大，这个频率称为谐振频率。

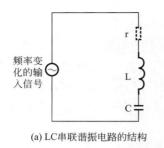

(a) LC串联谐振电路的结构

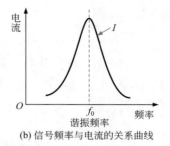

(b) 信号频率与电流的关系曲线

图 4-21　LC 串联谐振电路及电流和信号频率的关系曲线

不同频率信号通过 LC 串联电路后的状态见图 4-22。

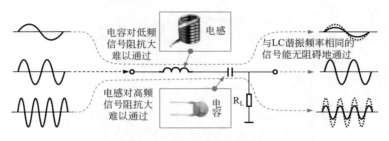

图 4-22　LC 串联谐振电路

　　当输入信号经过 LC 串联电路时，根据电感和电容的特性，信号频率越高电感的阻抗越大，而电容的阻抗则越小，阻抗大则对信号的衰减大，频率较高的信号通过电感会衰减很大，而直流信号则无法通过电容器。当输入信号的频率等于 LC 谐振的频率时，LC 串联电路的阻抗最小。此频率的信号很容易通过电容器和电感器输出。此时 LC 串联谐振电路起到选频的作用。

（2）LC 并联谐振电路的特点

　　LC 并联谐振电路是指将电感器和电容器并联后形成的，且为谐振状态（关系曲线具有相同的谐振点）的电路。

　　LC 并联谐振电路的结构和关系曲线见图 4-23。

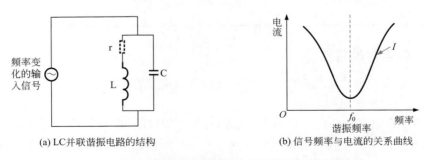

(a) LC并联谐振电路的结构　　　　(b) 信号频率与电流的关系曲线

图 4-23　LC 并联谐振电路及电流和信号频率的关系曲线

在并联谐振电路中，如果线圈上的电流与电容上的电流相等，则电路就达到了并联谐振状态。并联谐振电路中电波的负载很大，不能认为是短路状态，电路中的信号能量也是全部消耗在电阻上。电路中，除了 LC 并联部分以外，其他部分的阻抗变化几乎对能量消耗没有影响。因此这种电路的稳定性好，比串联谐振电路应用得更多。

不同频率的信号通过 LC 并联谐振电路后的状态见图 4-24。

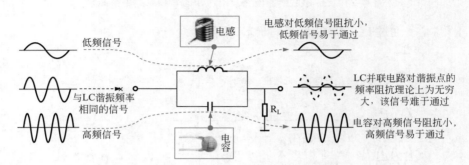

图 4-24　LC 并联谐振电路示意图

当输入信号经过 LC 谐振电路时，同样根据电感器通直流隔交流，电容器通交流隔直流的特性，交流信号可以从电路的电容器通过，而直流信号则通过电感器到达输出端。由于 LC 回路在谐振频率 f_0 处阻抗最大，信号既无法通过电容器，也无法通过电感器而被阻止。

表 4-1 列出了并联谐振电路和串联谐振电路的特性。

表 4-1　谐振电路的特性

项目	串联谐振电路	并联谐振电路
谐振频率 /Hz	$f_0 = \dfrac{1}{2\pi\sqrt{LC}}$	$f_0 = \dfrac{1}{2\pi\sqrt{LC}}$
电路中的电流	最大	最小
LC 上的电流	等于电源电流	L 和 C 中的电流反相、等值，大于电源电流，也大于非谐振状态的电流
LC 上的电压	L 和 C 的两端电压反相、等值，一般比电源电压高一些	电源电压

（3）RLC 电路的特点

RLC 电路是指电路中由电阻器、电感器和电容器构成的电路单元。

RLC 电路的原理图见图 4-25。

在前述的 LC 电路中，电感器和电容器都有一定的电阻值，如果电阻值相对于电感的感抗或电容的容抗很小时，往往会被忽略。而在某些高频电路中，电感器和电容器的阻值相对较大，就不能忽略，原来的 LC 电路就变成了 RLC 电路。

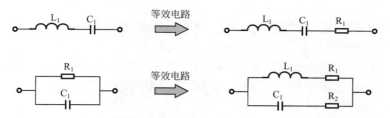

图 4-25　RLC 电路的原理图

【提示】▶▶▶

　　电感的感抗是与传输的信号频率有关的,对低频信号电感的感抗较小,而对高频信号的感抗会变得很大。电容的容抗变化规律与电感相反,频率越高其容抗越小。

　　在 LC 谐振电路中,其频率特性除与 LC 的值(感抗值和容抗值)有关外,还与 LC 元件自身的电阻值有关,电阻值越小,电路的损耗则越小,频谱曲线的宽度越窄,当需要频率响应有一定的宽度时,就需要其中的电阻值大一些,电阻值成为调整频带宽度的重要因素,如图 4-26 所示,这种情况下就需要考虑 LC 电路中的电阻值对电路的影响,有时还需要附加电阻。

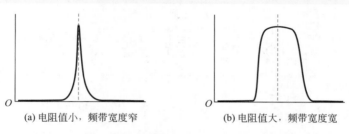

(a) 电阻值小,频带宽度窄　　　　　　　　(b) 电阻值大,频带宽度宽

图 4-26　谐振电路中电阻值与频带宽度的关系

4.5.2　基本 LC 电路的识读

　　LC 电路是构成实际电子产品电路中重要的功能单元。下面就结合一些实用电子产品电路来介绍一下 LC 电路的识图技巧。

(1) 袖珍式单波段收音机电路中的基本 LC 电路

　　袖珍式单波段收音机电路主要用来进行 FM 收音,可将天空中的调频收音信号进行选择后,选出欲接收的频段,在进行处理后转换为声音信号。下面以典型的袖珍式单波段收音机电路为例,介绍电路中基本 LC 电路及整机电路的识图方法。

　　典型的袖珍式单波段收音电路见图 4-27。

【提示】▶▶▶

　　该电路主要是由天线、LC 并联谐振电路(L_1 、VC1)、场效应晶体管放大器以及后级电路等部分构成的。

由天线感应的中波广播信号经电容 C_1 耦合到电路中，首先经 LC 谐振电路选频后，将合适频率的信号送到场效应晶体管的栅极，经放大后由漏极输出。

该电路中接收部分为高频信号的接收电路，一般可选用空气介质的单联可变电容器 VC1，VC1 与电感器 L_1 构成 LC 调谐选台电路，微调电容器（调台旋钮）即可选择不同频率的电台信号。

然后送到场效应管栅极的信号经放大后由漏极输出，然后经耦合电容 C_2 送入检波电路，这时的信号是放大后的高频载波信号，载波的包络信号就是所传输的声音信号。高频载波信号由二极管整流，信号经过 VD1 时只剩下正半周的部分。VD1 输出的信号送到电位器 VR 上，其高频信号通过 C_3 短路到地，只有低频信号由电位器输出。即从高频载波上将音频信号（低频）检出来。经放大电路 TA7368P 进行放大，再去驱动扬声器发声或耳机输出。

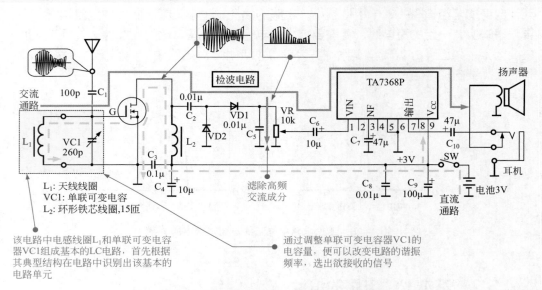

图 4-27　典型的袖珍式单波段收音机电路

（2）稳压电源电路中的基本 LC 电路

稳压电源电路是电子产品中比较常见的电路之一，其主要功能是将输入的交流电源经整流和滤波后，变为可用的直流电源，为电子产品供电。下面以一种简单的稳压电源电路为例，介绍其基本 LC 电路和整机电路的识读方法。

简单的稳压电源电路如图 4-28 所示。

【提示】▶▶▶

在该电路中，电感器 L 与电容器 C_1、C_2 组成的基本 LC 并联电路（又称为 π 型 LC 滤波器），具有更强的平滑滤波效果，特别是对滤除高频噪波有更为优异的效果。交流 220V 经变压器和桥式整流电路后，整流二极管输出的脉动直流电压 U_i 中的直流成分可以通过 L，而交流成分绝大部分不能通过 L，被 C_1、C_2 旁路到地，输出电压 U_o 则为较纯净的直流电压。

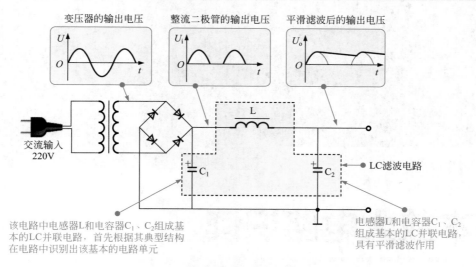

图 4-28　简单的稳压电源电路

【扩展】▶▶▶

　　LC 构成滤波器主要分为带通滤波器和带阻滤波器两种。

　　● 带通滤波器允许两个限制频率之间所有频率的信号通过，而高于上限或低于下限频率的信号将被阻止。其简单电路形式及频率响应曲线见图 4-29。

　　● 带阻滤波器（陷波器）阻止特定频率带的信号传输到负载。它滤除特定限制频率间所有频率的信号，而高于上限或低于下限频率的信号将自由通过。其简单电路形式及频率响应曲线见图 4-30。

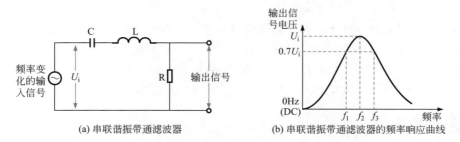

图 4-29　带通滤波器简单电路及频率响应曲线

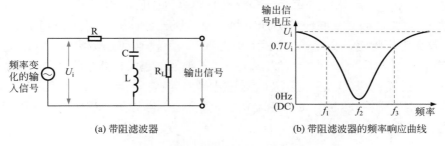

图 4-30　带阻滤波器简单电路及频率响应曲线

第 5 章 ▶▶▶
基本放大电路识读

5.1 共射极放大电路

晶体管具有放大的作用，因此由晶体管构成的放大电路具有放大的作用。共射极放大电路是指将晶体管的发射极作为公共接地端的电路。

5.1.1 共射极放大电路的特点

由共射极放大电路构成的共射极晶体管放大器常作为电压放大器来使用，在各种电子设备中广泛使用。它的最大特色是具有较高的电压增益。由于输出阻抗比较高，因此这种电压放大器的带负载能力比较低，不能直接驱动扬声器等低阻抗的负载。

共射极放大电路（晶体管电压放大器）的基本结构见图 5-1。

【提示】▶▶▶

该电路的特点是发射极（e）接地，基极（b）输入信号放大后由集电极（c）输出与输入信号反相的信号。

如图 5-1 所示，晶体管的每个电极处都有电阻为相应的电极提供偏压，其中 $+V_{\text{CC}}$ 是电压源；电阻 R_1 和 R_2 构成一个分压电路，通过分压给基极（b）提供一个稳定的偏压；电阻 R_3 是集电极电阻，交流输出信号经电容 C_3 从负载电阻上取得；电阻 R_4 是发射极（e）上的负反馈电阻，用于稳定放大器工作，该电阻值越大，整个放大器的放大倍数越小；电容 C_1 是输入耦合电容；电容 C_3 是输出耦合电容；与电阻 R_4 并联的电容 C_2 是去耦合电容，相当于将发射极（e）交流短路，使交流信号无负反馈作用，从而获得较大的交流放大倍数。

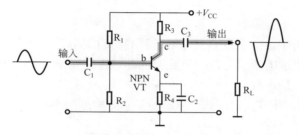

图 5-1　共射极放大电路（晶体管电压放大器）

从共射极放大电路结构图可知，该电路在工作时，既有直流分量又有交流分量，为了便于分析，一般将直流分量和交流分量分开识读，因此将放大电路划分为直流通路和交流通路。

（1）直流通路

所谓直流通路，就是指放大电路未加输入信号时，放大电路在直流电源 E_c 或 V_{CC} 的作用下，直流分量所流过的路径。

共射极放大电路的直流电路见图 5-2。

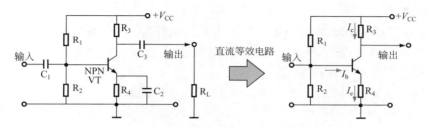

图 5-2　晶体管电压放大器直流电路

【提示】▶▶▶

在直流电路中，由于电容对于直流电压可视为开路，因此当集电极电压源确定为直流电压时，可将电压放大器中的电容省去。$+V_{CC}$ 经各个电阻器后为晶体管提供工作电压。

（2）交流通路

所谓交流通路，就是在输入交流信号后，交流信号所流过的路径。
共射极放大电路的交流电路见图 5-3。

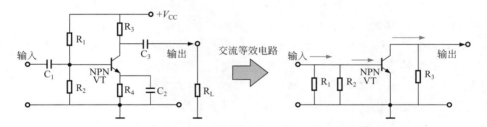

图 5-3　晶体管电压放大器交流电路

在交流电路分析中，由于直流供电电压源的内阻很小，对于交流信号来说相当于短路。对于交流信号来说电源供电端和电源接地端可视为同一点（电源端与地端短路）。

NPN 型和 PNP 型晶体管共射极放大电路的基本结构见图 5-4。

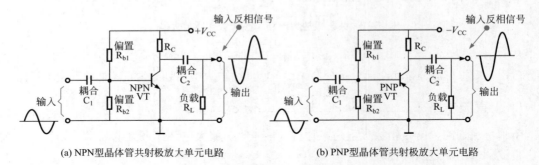

(a) NPN型晶体管共射极放大单元电路　　　(b) PNP型晶体管共射极放大单元电路

图 5-4　共射极放大电路的基本结构

由图 5-4 可知该类电路是将输入信号加到晶体管基极（b）和发射极（e）之间，而输出信号又取自晶体管的集电极（c）和发射极（e）之间，由此可见发射极（e）为输入信号和输出信号的公共接地端。

该电路的关键器件包括一只晶体三极管 VT，电阻器 R_{b1}、R_{b2}、R_c、R_L 和电容 C_1、C_2 组。其中三极管 VT 是这一电路的核心部件，其主要是起到对信号进行放大的作用。

该电路中的直流通路流程：电路中偏置电阻 R_{b1} 和 R_{b2} 通过电源给晶体管基极（b）供电；电阻 Rc 是通过电源给晶体管集电极（c）供电；两个电容 C_1、C_2 都是起通交流隔直流作用的耦合电容；电阻 R_L 则是承载输出信号的负载电阻。

该电路中的交流通路流程：输入信号首先经电容 C_1 耦合后送入三极管 VT 的基极，经三极管 VT 放大后由其集电极输出，并经电容 C_2 耦合后输出。

NPN 型与 PNP 型晶体管放大器的最大不同之处在于供电电源：采用 NPN 型晶体管的放大器，供电电源是正电源送入晶体管的集电极（c）；采用 PNP 型晶体管的放大器，供电电源是负电源送入晶体管的集电极（c）。

5.1.2　共射极放大电路的识读

根据上述内容了解到，共射极放大电路是实用电子电路中的一个构成元素，因此对其进行识读时，可首先在电路中找到该基本单元，然后根据该电路的基本功能识读其在实用电路中的作用，这对整体识别整个电子产品电路起着至关重要的作用。下面就以一种 1～250MHz 的宽频带放大电路为例，来介绍一下共射极放大电路的识图分析。1～250MHz 宽频带放大器电路采用两级共发射极放大器组成的宽频带实用放大器。

1～250MHz 宽频带放大器电路如图 5-5 所示。

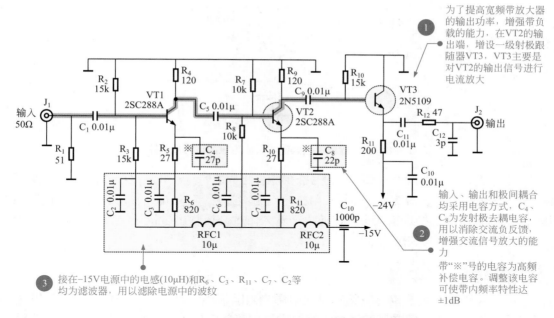

图 5–5 1 ～ 250MHz 宽频带放大器电路的识图

【提示】▶▶▶

　　该电路主要是由晶体管放大器 VT1、VT2、VT3 以及相应的分压电阻器、耦合电容器等组成的。其中晶体管 VT1、VT2 和 VT3 主要用来对输入的信号进行三级放大，分压电阻器主要用来为晶体管提供工作电压，耦合电容器可用来将信号耦合后送往下一级的晶体管中。

　　输入信号由接口 J_1 输入，经电容 C_1 耦合后送入晶体管 VT1 的基极，由晶体管 VT1 放大后由其集电极输出，并经电容 C_5 耦合后送往晶体管 VT2 的基极进行放大后，由其集电极输出，并经电容 C_9 耦合后送往输出接口 J_2。

5.2 ▶ 共集电极放大电路

　　共集电极的功能和组成器件与共射极放大电路基本相同，不同之处有两点：其一是将集电极电阻 R_c 移到了发射极（用 R_e 表示）；其二是输出信号不再取自集电极而是取自发射极。

5.2.1 共集电极放大电路的特点

　　共集电极放大电路是从发射极输出信号的，信号波形与相位基本与输入相同，因而又称射极输出器或射极跟随器，简称射随器，常用作缓冲器。

　　共集电极放大电路（晶体管电流放大器）的基本结构见图 5-6。

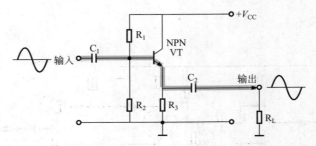

图 5-6　晶体管电流放大器（共集电极晶体管放大器）

该电路具有输入的信号与输出的信号波形相位相同的特点。共集电极晶体管放大器常作为电流放大器使用，它的特点是高输入阻抗，电流增益大，但是电压输出的幅度几乎没有放大，也就是输出电压接近输入电压，而由于输入阻抗高而输出阻抗低的特性，带负载的能力，也作为阻抗变换器使用。

【提示】▶▶▶

由于晶体管放大器单元电路的供电电源的内阻很小，对于交流信号来说正负极间相当于短路。交流地等效于电源，也就是说晶体管集电极（c）相当于接地。输入信号是加载到晶体管基极（b）和发射极（e）与负载电阻之间，也就相当于加载到晶体管基极（b）和集电极（c）之间，输出信号取自晶体管的发射极（e），也就相当于取自晶体管发射极（e）和集电极（c）之间，因此集电极（c）为输入信号和输出信号的公共端，故称为共集电极放大电路。

对共集电极放大电路进行分析时，也可分为直流和交流两条通路。
共集电极放大电路的直流和交流通路如图 5-7 所示。

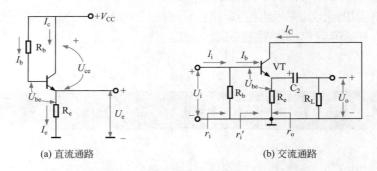

(a) 直流通路　　　　　　　(b) 交流通路

图 5-7　共集电极放大电路的直流和交流通路

【提示】▶▶▶

该电路的直流通路是由电源为晶体管提供直流偏压的电路，晶体管工作在放大状态还是开关状态，主要由它的偏压确定。这种电路也是为晶体提供能源的电路。

交流通路是对交流信号起作用的电路，电容对交流信号可视为短路，电源的内阻对交流信号也视为短路。

NPN 型和 PNP 型晶体管共集电极放大器单元电路见图 5-8。

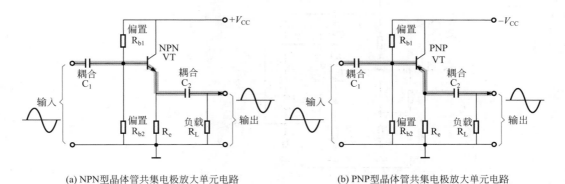

(a) NPN型晶体管共集电极放大单元电路　　　　(b) PNP型晶体管共集电极放大单元电路

图 5-8　共集电极晶体管放大器单元电路

【提示】▶▶▶

　　该电路中，两个偏置电阻 R_{b1} 和 R_{b2} 是通过电源给晶体管基极（b）供电；R_e 是晶体管发射极（e）的负载电阻；两个电容都是起通交流隔直流作用的耦合电容；电阻 R_L 则是加载输出信号的负载电阻。

　　输入信号首先经电容 C_1 耦合后送入三极管 VT 的基极，经三极管 VT 放大后由其发射极输出，并经电容 C_2 耦合后输出。

　　与共发射极（e）晶体管放大器一样，NPN 型与 PNP 型晶体管放大器的最大不同之处也是供电电源的不同。

5.2.2　共集电极放大电路的识读

　　根据上述内容了解到，共集电极放大电路是实用电子电路中的一个构成元素，因此对其进行识读时，可首先在电路中找到该基本单元，然后根据该电路的基本功能特点识读其在实用电路中的作用，这对整体识别整个电子产品电路起着至关重要的作用。下面，就以一种高输入阻抗缓冲放大器电路为例，来介绍一下共集电极放大电路的识图分析。

　　高输入阻抗缓冲放大电路见图 5-9。

【提示】▶▶▶

　　通过图 5-9 可知，该电路主要是由场效应管 VT1、晶体管 VT2 等组成的。其中 VT1 用来进行输入信号的一级放大，晶体管 VT2 与周围的阻容元件组成共集电极放大电路，用来对信号进行二级放大。

　　该电路中，当电流输入后经电容 C_1 耦合后送入场效应管 VT1 的栅极（G），由场效应管 VT1 放大后由其源极（S）输出，送往晶体管 VT2 的基极进行放大后，由 VT2 的发射极输出。

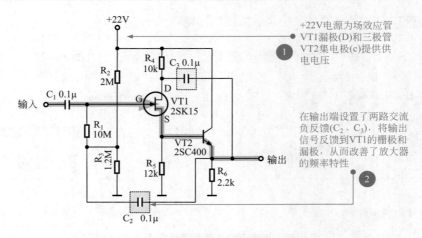

图 5-9　高输入阻抗缓冲放大器

5.3　共基极放大电路

共基极放大电路的功能与共射极放大电路基本相同，其结构特点是将输入信号加载到晶体管发射极（e）和基极（b）之间，而输出信号取自晶体管的集电极（c）和基极（b）之间，由此可见基极（b）为输入信号和输出信号的公共端，因而该电路称为共基极（b）晶体管放大器。

5.3.1　共基极放大电路的特点

在共基极放大电路中，信号由发射极（e）输入，经晶体管放大后由集电极（c）输出，输出信号与输入信号同相。它的最大特点是频带宽，常用作晶体管宽频带电压放大器。

共基极放大电路（晶体管宽频带电压放大器）的基本结构见图 5-10。

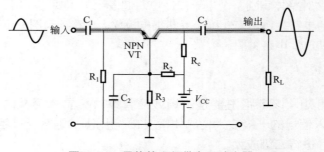

图 5-10　晶体管宽频带电压放大器

【提示】▶▶▶

在该电路中，直流电源通过负载电阻 R_c 为集电极提供偏置电压。同时，偏置电阻

R_2 和 R_3 构成分压电路为晶体管基极提供偏置电压。信号从输入端输入电路后，经 C_1 耦合电容输入到晶体管的发射极，由晶体管放大后，经耦合电容 C_2 输出同相放大的信号，其原理与共发射极放大电路类似，负载电阻 R_c 两端电压随输入信号变化而变化，而输出端信号取自集电极和基极之间，对于交流信号直流电源相当于断路，因此输出信号相当于取自负载电阻 R_c 两端，因而输出信号和输入信号相位同相。

NPN 型和 PNP 型晶体管共基极放大器单元电路见图 5-11。

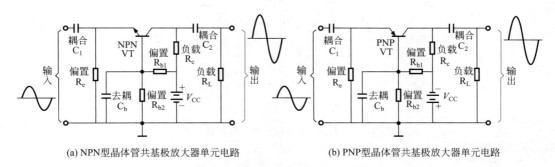

(a) NPN型晶体管共基极放大器单元电路　　　　　　(b) PNP型晶体管共基极放大器单元电路

图 5-11　共基极晶体管放大器单元电路

【提示】▶▶▶

　　该电路主要是由三极管 VT，电阻器 R_{b1}、R_{b2}、R_c、R_L 和耦合电容 C_1、C_2 组成的。电路中的四个电阻都是为了建立静态工作点而设置的，其中 R_c 还兼具集电极（c）的负载电阻；电阻 R_L 是负载端的电阻；两个电容 C_1 和 C_2 都是起通交流隔直流作用的耦合电容；去耦电容 C_b 是为了使基极（b）的交流直接接地，起到去耦合的作用，即起消除交流负反馈的作用。输入的交流信号由晶体管的发射极输入，经放大后由集电极输出。

5.3.2　共基极放大电路的识读

　　根据上述内容了解到，共基极放大电路是实用电子电路中的一个构成元素，因此对其进行识读时，可首先在电路中找到该基本单元，然后根据该电路的基本功能特点识读其在实用电路中的作用，这对整体识别整个电子产品电路起着至关重要的作用。下面，就以一个调频收音机高频放大电路路为例，来介绍一下共基极放大电路的识图分析。该电路是一个典型的共基极放大电路，天线接收的高频信号（约 100MHz）由这个放大器进行放大。这种放大器具有高频特性好，而且在高频范围工作比较稳定的特点。

　　调频（FM）收音机高频放大电路见图 5-12。

【提示】▶▶▶

　　该电路主要是由晶体管放大器 2SC2724 以及输入端的 LC 并联和串联谐振电路等组成的。晶体管放大器 2SC2724 为核心元件，主要用来对信号进行放大。

　　该电路中，天线接收天空中的信号后，分别经 LC 组成的串联谐振电路和 LC 并联谐振电路调谐后输出所需的高频信号，经耦合电容 C_1 后送入晶体管的发射极，由晶体管 2SC2724 进行放大后，由其集电极输出。

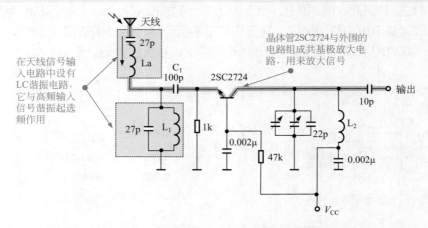

图 5-12　调频（FM）收音机高频放大电路

【扩展】▶▶▶

　　共发射极、共集电极和共基极放大电路是单管放大器中三种最基本的单元电路，其他放大电路可以看成是它们的变形或组合，所以掌握这三种基本单元电路的性质是非常必要的。三种放大电路的特点比较见表 5-1。

表 5-1　三种放大电路的特点比较

参数	共发射极电路	共集电极电路	共基极电路
输入电阻 R_i	1kΩ 左右	几十千欧到几百千欧	几十欧
输出电阻 R_o	几千欧到几十千欧	几十欧	几千欧到几百千欧
电流增益 A_i	几十欧到 100Ω 左右	几十欧到 100Ω 左右	略小于 1Ω
电压增益 A_u	几十欧到几百欧	略小于 1Ω	几十到几百欧
U_i 与 U_o 之间的关系	反相（放大）	同相（几乎相等）	同相（放大）

　　图 5-13 是一种采用共发射极 - 共基极宽频带视频放大器，它是由两个晶体管组成的，该电路充分发挥两种电路的特点，电路简单，性能好。

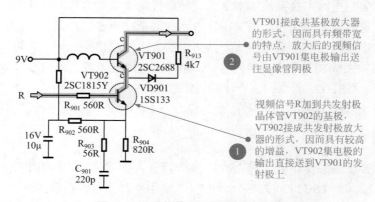

图 5-13　晶体管宽频带视频放大器

第6章 ▶▶▶
基本单元电路识读

6.1 电源稳压电路

在电源电路中，整流滤波电路输出电压与理想的直流电源还有相当大的距离，主要存在两方面的问题：第一，由于变压器次级电压 u_2 直接与电网电压有关，当电网电压波动时必然引起 u_2 波动，进而使整流滤波电路的输出不稳定；第二，由于整流滤波电路总存在内阻，当负载电流发生变化时（例如电视机的亮度不同，扩音机的音量或大或小），在内阻上的电压也发生变化，因而使负载得到的电压（即输出电压）不稳定。为了提供更加稳定的直流电源，需要在整流滤波后面加上一个稳压电路。

6.1.1 电源稳压电路的特点

在电源稳压电路中，按其电路结构划分可分为稳压管稳压电路和串联型稳压电路两种。下面将分别以这两种稳压电路为例，来对该电路的识读过程进行详细的讲解。

（1）稳压管稳压电路的特点

稳压管稳压电路主要由硅稳压管与电阻构成。
稳压管稳压电路的基本结构如图6-1所示。

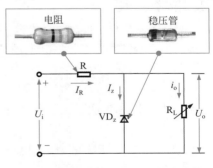

图6-1 稳压管稳压电路的基本结构

【提示】▶▶▶

U_i 为整流滤波后所得到的直流电压，稳压管 VD_Z 与负载 R_L 并联。由于稳压管承担稳压工作时，应反向连接，因此稳压管的正极应接到输入电压的负端。稳压管是在反向击穿的状态下工作，两端的电压保持不变。

电阻 R 是必不可少的，它有两个作用：其一是限制稳压管反向击穿后的电流，以防止电流过大损坏稳压管，所以称 R 为限流电阻；其二是当电网电压波动引起输入电压（即整流滤波后的输出电压）U_i 变化时，可通过调节 R 上的电压降来保持输出电压基本不变。

但是，这种稳压电路存在两个突出缺点：其一是当电网电压和负载电流的变化过大时，电路不能适应；其二是输出电压 U_o 不能调节。为了改进以上缺点，可以采用串联型稳压电路。

（2）串联型稳压电路的特点

所谓串联型稳压电路，就是在输入直流电压和负载之间串入一个三极管。其作用就是当输入电压 U_i 或电阻 R_L 发生变化引起输出电压 U_o 变化时，通过某种反馈形式使三极管的 U_{ce} 也随之变化。从而调整输出电压 U_o，以保持输出电压基本稳定。由于串入的三极管是起调整作用的，故称为调整管。

基本的调整管稳压电路如图 6-2 所示。

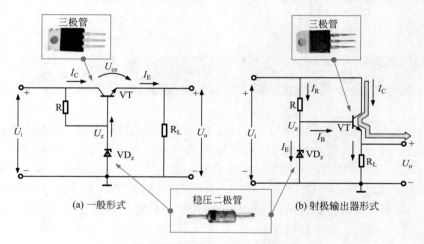

图 6-2　基本的调整管稳压电路

【提示】▶▶▶

　　三极管 VT 为调整管。为了分析其稳压原理，将图 6-2（a）的电路改画成图 6-2（b）的形式，这时可清楚地看到，它实质上是在图 6-1 稳压管稳压电路的基础上再加上射极跟随器而组成的。根据电路的特点可知，U_o 和 U_z 是跟随关系。因此只要稳压管的电压 U_z 保持稳定，则当 U_i 和 I_L 在一定的范围内变化时，U_o 也能基本稳定。与图 6-1 稳压管稳压电路相比，加了跟随器后的突出特点是带负载的能力加强了。

具有放大环节的串行稳压电路如图 6-3 所示。

【提示】▶▶▶

　　图 6-2 所示电路虽然扩大了负载电流的变化范围，但是从图中可以看出，由于 $U_o=U_z-U_{be}$，带来输出电压的稳定性比不加调整管还差一些。另一方面，输出电压仍然不能连续调节。

改进的方法是在稳压电路中引入放大环节，如图 6-3 所示。图中 VT1 为调整管，VT2 为误差放大器，R_{C2} 是 VT2 的集电极负载电阻。误差放大器的作用是将稳压电路的输出电压的变化量先放大，然后再送到调整管的基极。这样只要输出电压有一点微小的变化，就能引起调整管的管压降产生比较大的变化，因此提高了输出电压的稳定性。误差放大器的放大倍数愈大，则输出电压的稳定性愈好。而 R_1、R_2 和 R_3 组成分压器，用于对输出电压进行取样，故称为取样电阻。其中 R_2 是可调电阻。稳压管提供基准电压。从 R_2 取出的取样电压与基准电压比较以后再送到 VT2 进行放大。电阻 R 的作用是保证 VT2 有一个合适的工作电流。

这种稳压电路的输出电压可在一定范围内适当进行调整。例如当可调电阻 R_2 的滑动端向上移动时，U_{b2} 上升、U_{be2} 上升。进而使 U_{ce2} 降低，U_{ce1} 升高，于是输出电压 U_o 减小；反之，若滑动端向下移动，则输出电压 U_o 增大。输出电压的调节范围与 R_1、R_2 和 R_3 之间的比例关系以及稳压管的稳压值 U_z 有关。当流过采样电阻的电流远大于 I_{B2} 时，可用近似的方法估算 U_o 的调节范围。例如在图 6-3 中：

$$U_o = \frac{R_1 + R_2 + R_3}{R_2'' + R_3}(U_z + U_{be2})$$

当 R_2 的滑动端位于最上端时，$R_2' = 0$，$R_2'' = R_2$，U_o 达最小值，且为：

$$U_{omin} = \frac{R_1 + R_2 + R_3}{R_2 + R_3}(U_z + U_{be2})$$

当 R_2 的滑动端位于最下端时，$R_2'' = 0$，U_o 达最大值，此时：

$$U_{omax} = \frac{R_1 + R_2 + R_3}{R_3}(U_z + U_{be2})$$

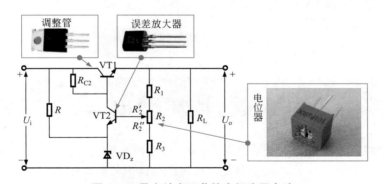

图 6-3　具有放大环节的串行稳压电路

6.1.2　电源稳压电路的识读

根据上述内容了解到，电源稳压电路主要是由二极管、电阻及三极管等部件构成的，因此对其进行识读时，可首先在电路中找到该基本单元，根据电路结构，区分稳压电路的电路结构。下面，就以一种低压小电流稳压电源电路为例，来介绍一下电源稳压电路的识图分析。

一种低压小电流稳压电源电路的识图分析如图 6-4 所示。

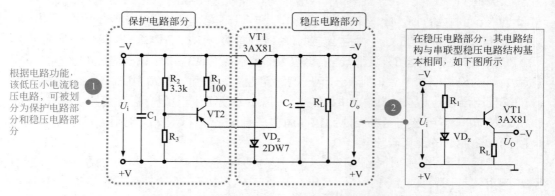

图 6-4　一种低压小电流稳压电源电路的识图分析

【提示】▶▶▶

　　该电路能输出稳定的 -6V 电压，最大输出电流可达 100mA，适用于收音机。在不考虑 C_1 和 C_2（起滤波作用）时，电路可分为两部分：稳压电路部分和保护电路部分。其中，稳压电路部分主要是由 VT1、VD_z、R_1 和 R_L 构成，保护电路部分由 VT2、R_1、R_2 和 R_3 构成。

　　从图 6-4 中可以看出，当稳压电路正常工作时，VT2 发射极电位等于输出端电压。而基极电位由 U_i 经 R_2 和 R_3 分压获得，发射极电位低于基极电位，发射结反偏使 VT2 截止，保护不起作用。当负载短路时，VT2 的发射极接地，发射结转为正偏，VT2 立即导通，而且由于 R_2 取值小，一旦导通，很快就进入饱和。其集 - 射极饱和压降近似为零，使 VT1 的基 - 射之间的电压也近似为零，VT1 截止，起到了保护调整管 VT1 的作用。而且，由于 VT1 截止，对 U_i 无影响，因而也间接地保护了整流电源。一旦故障排除，电路即可恢复正常。

6.2　整流滤波电路

　　在电源电路中，整流电路输出电压都含有较大的脉动成分。为了减少这种脉动成分，在整流后都要加上滤波电路。所谓滤波就是滤掉输出电压中的脉动成分，而尽量保留其中的直流成分，使输出接近理想的直流电压。

6.2.1　整流滤波电路的特点

　　在整流滤波电路中，起滤波作用的元件常用的有电容和电感，本节分别予以简单介绍。

（1）电容滤波电路的特点

半波整流电容滤波电路的基本结构及波形如图 6-5 所示。

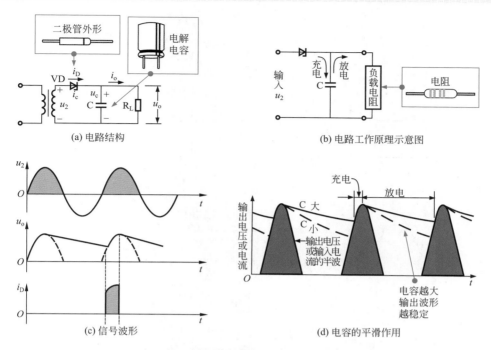

图6-5　半波整流电容滤波电路的基本结构及波形

【提示】▶▶▶

　　在没有接电容时，整流二极管 VD 在 u_2 的正半周导通负半周截止，输出电压 u_o 如图 6-5（c）中虚线所示。而在并接了电容以后，假设在 $t=0$ 时接通电源，则当 u_2 由零逐渐增大时，二极管 VD 导电。

　　由图 6-5（a）可见，二极管导通时除了有一电流 i_o 流向负载外，还有一个电流向电容充电，电容两端的电压 u_c 的极性为上正下负。如果忽略二极管导通时的内阻，则在 VD 导通时，u_c（即输出电压 u_o）等于变压器次级电压 u_2。而当 u_2 到达最大值以后开始下降，此时电容上的电压 u_c 也将由于放电而逐渐下降。当 u_2 下降到小于 u_c（即 $u_2 < u_c$）时，二极管被反向偏置而截止。于是 u_c 以一定的时间常数按指数规律下降，直到下一个正半周到来。当 $u_2 > u_c$ 时，二极管又导通，再次向电容 C 充电。输出电压 $u_c = u_o$ 的波形如图 6-5（c）中实线所示。与图 6-5（b）虚线比较，可以看到，由于电容的滤波作用，输出电压比无电容时平滑多了，且直流成分也增加了。

　　桥式整流电容滤波电路如图 6-6 所示。

【提示】▶▶▶

　　电容器在全波整流电路或桥式整流电路中的滤波原理与半波整流电路中的类似，其原理电路和波形如图 6-6（a）、（b）所示。所不同的只不过是，在桥式（或全波）整流电路中，无论输入电压 u_2 的正半周还是负半周，电容器 C 都有充电过程。而且从图 6-6（c）、（d）的比较中可看出，全波（或桥式）整流电路经电容被整流后的输出电压比半波整流时更平滑，且直流成分更大些。

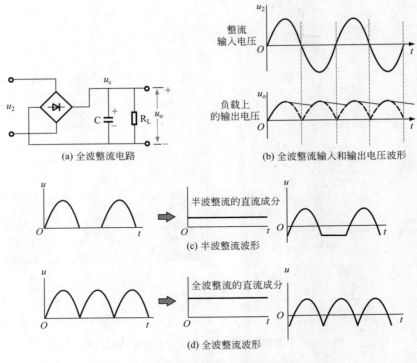

(a) 全波整流电路

整流
输入电压

负载上
的输出电压

(b) 全波整流输入和输出电压波形

半波整流的直流成分

(c) 半波整流波形

全波整流的直流成分

(d) 全波整流波形

图 6-6　桥式整流电容滤波电路

（2）电感滤波电路的特点

电感滤波电路如图 6-7 所示。

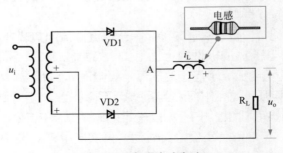

电感

图 6-7　电感滤波电路

【提示】▶▶▶

　　由于电感的直流电阻很小，交流阻抗却很大，因此直流分量经过电感后基本上没有损失。但对于交流分量，将在 L 上产生压降，从而降低输出电压中的脉动成分。显然，L 越大，电感本身的直流电阻越小，滤波效果越好，所以电感滤波适合于负载电流较大的场合。

（3）LC 滤波电路的特点

为了进一步改善滤波效果，可采用 LC 滤波电路。即在电感滤波的基础上，再在 R_L 上并联一个电容。

　　LC 滤波电路如图 6-8 所示。

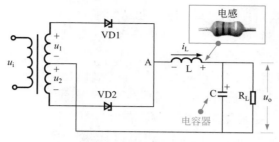

图 6-8　LC 滤波电路

　　在 LC 滤波电路中，如果电感 L 值太大，或负载电阻 R_L 与 C 太大，则将呈现电容滤波的特性。在图 6-8 的滤波电路中，由于 R_L 上并联了一个电容，使 R_L 与 C 并联部分的阻抗进一步减少，因而交流分量在 R_L 的并联部分的分压比未接电容时的分压减少。电容值越大，分得的交流分量越小，因而输出电压中的脉动成分进一步降低，但直流分量是同没有加电容时一样的。

　　电感滤波和 LC 滤波的输出直流电压可近似用下式计算：

$$u_o \approx 0.9 u_2$$

6.2.2　整流滤波电路的识读

　　根据上述内容了解到，整流滤波电路主要是由电容、电感等部件组成的，因此对其进行识读时，首先要了解该电路的基本组成，找到该电路中由典型器件构成的功能电路，对其在整个电路中的功能进行识读，最后完成整个电路的识图过程。下面，就以典型收音机电路中的电源电路为例，来介绍一下整流滤波电路的识图分析。

　　典型收音机电路中的电源电路如图 6-9 所示。

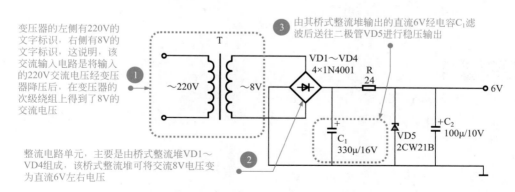

图 6-9　收音机的电源电路的识图过程

通过图 6-9 可知，收音机电路中的电源电路主要是由变压器 T、桥式整流堆 VD1 ～ VD4、滤波电容 C_1 和 C_2 及稳压二极管 VD5 等部件构成的。

在收音机的电源电路中，交流 220V 电压经变压器降压后输出 8V 交流低压，8V 交流电压经桥式整流电路输出约 11V 直流电压，再经 C_1 滤波、R 限流、VD5 稳压、C_2 滤波后输出 6V 稳压直流电压。电路中使用了两只电解电容进行平滑滤波。

利用稳压二极管进行稳压的电源电路虽然简单，但最大的缺点就是在负载断电的情况下稳压二极管仍然有电流消耗，负载电流越小时稳压管上流过的电流则相对较大，因为这两股电流之和等于总电流。故该稳压电源仅适用于负载电流较小，且变化不大的场合。

6.3 基本触发电路

在各种复杂的数字电路中，不但需要对数字信号进行逻辑运算，还经常需要将这些信号和结果保存起来。因此，需要使用具有记忆功能的基本逻辑单元——触发器。触发器具有两个稳定状态，即 0 态和 1 态。如果外加合适的触发信号，触发器能从一个稳态转化到另一个新的稳态。

触发器从逻辑功能上，可分为 RS 触发器、D 触发器、JK 触发器、T 触发器、T′ 触发器；从结构可分为基本触发器、钟控触发器、主从触发器、维持阻塞触发器等；从触发方式上可分为电位触发型、主从触发型、变压触发器型。

下面将触发器按逻辑功能进行划分，分别讲解各种触发器的结构特点、识读方法和技巧。

6.3.1 基本触发电路的特点

（1）基本型 RS 触发器的特点

RS 触发器的电路结构如图 6-10 所示。

RS 触发器的电路结构，它可以是由两个门电路构成，两个与非门或是两个异或门构成。R 为复位端（RESET），S 为置位端（SET），输出 Q 和 $\bar{Q}$ 相反。这种触发器是非同步触发器。

RS 触发器的工作原理图如图 6-11 所示。

当开关既不在 $\overline{S}$ 端，也不在 $\overline{R}$ 端时，触发器的输出端是不确定的。当开关置向一侧时，就决定了触发器的输出。例如当开关置于 $\overline{S}$ 端时，$\overline{S}$ 端为低电平（地），$\overline{R}$ 端则为高电平，与非门①的输入为低电平，与非门②的输入为高电平。这样就使触发器的 Q 端输出为高电平，$\overline{Q}$ 的输出为低电平。

如果输入开关置于 $\overline{R}$ 端，则触发器会反转，Q 端变成低电平，$\overline{Q}$ 端变成高电平。

从而可见，输入端 $\overline{R}$、$\overline{S}$ 既不可能同时为高电平，也不可能同时为低电平，只有两种状况，其中一个为高电平另一个为低电平，则触发器 Q 和 $\overline{Q}$ 两端也必然出现状态相反的信号。

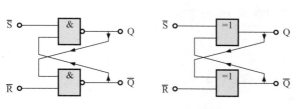

图 6-10　RS 触发器的电路结构

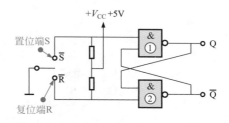

图 6-11　RS 触发器的工作原理

（2）同步 RS 触发器（同步 RS-FF）

前述的非同步 RS 触发器不能与系统中的时钟信号同步，同步 RS 触发器是附加了同步功能，可以与时钟信号同步工作。

同步 RS 触发器的电路结构及电路符号如图 6-12 所示。它将两个输入端用了两个与非门，并增加了一个时钟脉冲输入端（CP）。

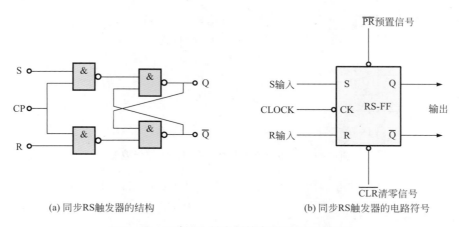

(a) 同步RS触发器的结构　　　　　(b) 同步RS触发器的电路符号

图 6-12　同步 RS 触发器的电路结构及其符号

集成化的同步 RS 触发电路如图 6-13 所示。

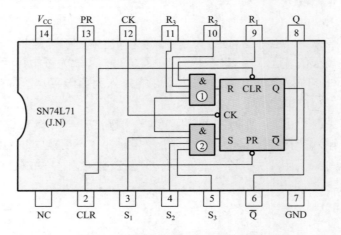

图 6-13 集成化的同步 RS 触发器

（3）T 触发器（T-FF）

T 触发器是一种触发式双稳态电路，它的 T 端是信号触发端，当触发信号端的信号发生变化时，双稳态电路的输出也会同时发生变化。

T 触发器的电路结构及输入和输出信号波形如图 6-14 所示。

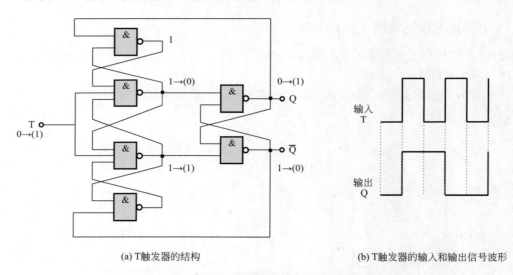

(a) T 触发器的结构　　　　　　　　　(b) T 触发器的输入和输出信号波形

图 6-14　T 触发器电路结构及其输入输出波形

由此可见，T 触发器也是一个 1/2 分频电路，T 端输入 2 个脉冲，而输出端则输出 1 个脉冲。

（4）D 触发器（D-FF）

D-FF 的"D"是英文延迟之意，因而 D 触发器是一种延迟电路。D 触发器如果没有时钟信号，D 触发端不管输入"1"还是输入"0"，触发器都不动作，只有当时钟信号输入时，才会动作。

D 触发器的电路符号及输入和输出信号波形如图 6-15 所示。

D 触发器有连续脉冲信号输入时，它的实际信号波形如图 6-16 所示。

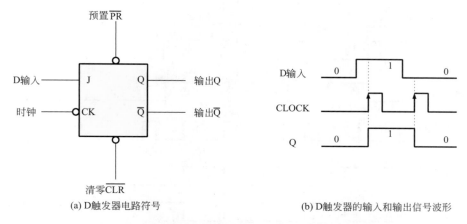

(a) D触发器电路符号　　　　　　　(b) D触发器的输入和输出信号波形

图 6-15　D 触发器的电路符号及输入和输出信号波形

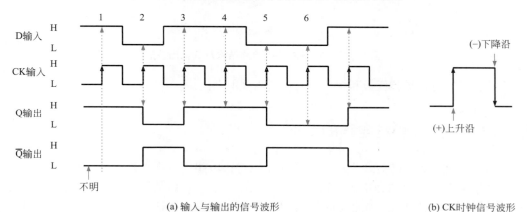

(a) 输入与输出的信号波形　　　　　　　(b) CK时钟信号波形

图 6-16　D 触发器实际的信号波形

（5）JK 触发器（JK–FF）

JK 触发器是主从触发器，它有 2 个输入端 J、K，被称为主从触发信号。

JK 触发器的电路结构和信号波形如图 6-17 所示。T-FF、D-FF、RS-FF 等触发器通过简

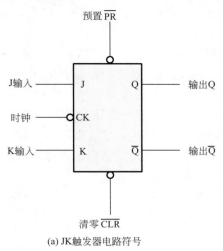

(a) JK触发器电路符号

图 6-17

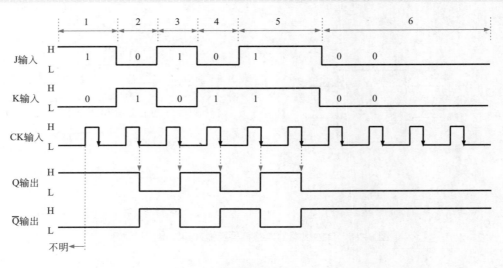

(b) JK触发器输出波形

图 6-17 JK 触发器的电路结构及其输出波形

单的连接和变换可以进行变换和组合，完成所需要的功能。

6.3.2 基本触发电路的识读

在对基本触发电路进行识图分析时，需首先对该电路的基本功能进行了解。之后，可对电路中涉及触发器的电路结构进行识别，确定该触发器的具体类型。对于一些无法判定其结构类型的触发器，读者通常可根据其电路型号，通过网络或其他资源来确定其电路结构。然后，可根据该触发器的功能及输入/输出引脚的外围电路，对电路的识读内容进行逐步扩展，从而了解整个电路的信号走向。

采用 RS 触发器的防抖动电路如图 6-18 所示。

【提示】▶▶▶

图 6-18 是一种简单的八路轻触式电子互锁开关电路，该电路具有简洁、体积小、操作舒适的特点，可输出八路信号。

该电路主要由三态同相八 D 触发器 74LS374 构成。电路中 S1 ~ S8 为八个轻触按钮开关。LED1 ~ LED8 为对应的开关状态指示灯。按动 S1 ~ S8 之一，VT1 的基极将通过 R_3 ~ R_{10} 中的某个电阻及所按开关连接到地，使 C_1 放电，VT1 导通，+5V 电源经 VT1 和 R_{11} 向 C_2 充电，在 IC ⑪ 脚形成一个正脉冲，经整形后送往各 D 触发器，由于所按下的按钮对应的 D 端接地，且①脚接地为低电平，其对应的 Q 端也跳变为低电平并锁存。此时相应的 LED 指示灯被点亮，并输出信号至功能选择电路。若下次再按动其他按钮开关，电路将重复上述过程。

C_2 和 R_{12} 可提供一个约 10ms 的延迟时间，可在换挡时防止误动作。C_1 主要起开机复位作用。

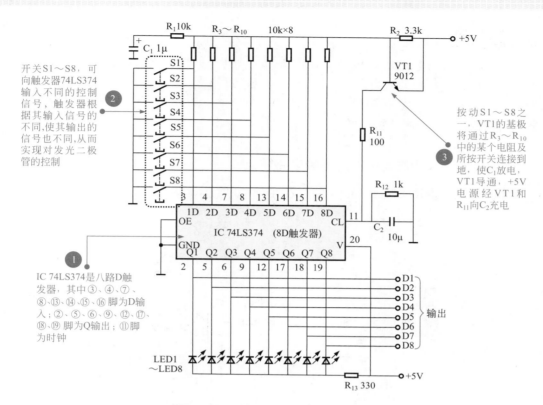

开关S1～S8，可向触发器74LS374输入不同的控制信号根据其输入信号的不同，使其输出的信号也不同，从而实现对发光二极管的控制

按动S1～S8之一，VT1的基极将通过R3～R10中的某个电阻及所按开关连接到地，使C1放电，VT1导通，+5V电源经VT1和R11向C2充电

IC 74LS374是八路D触发器，其中③、④、⑦、⑧、⑬、⑭、⑮、⑯脚为D输入；②、⑤、⑥、⑨、⑫、⑰、⑱、⑲ 脚为Q输出；⑪脚为时钟

图 6-18　八路轻触式电子互锁开关电路

运算放大器的主要功能就是对输入到其内部的信号起到放大的作用，其电路结构相对于其他放大电路较为简单。

6.4.1　基本运算放大器电路的特点

标准的运算放大器由三种放大电路组成：差动放大器、电压放大器和推挽式放大器。运算放大器的基本构成如图 6-19 所示。

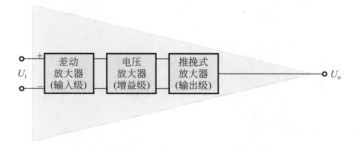

图 6-19　运算放大器的基本构成

【提示】▶▶▶

基本运算放大电路有很高的电压放大倍数,因此在作为放大运用时,总是接成负反馈的闭环结构;否则电路是非常不稳定的。运算放大电路有两个输入端,因此输入信号有三种不同的接入方式,即反相输入、同相输入和差动输入。无论是哪种输入方式,反馈网络都是接在反相输入端和输出端之间。

(1)反相输入接法运算放大器的电路特点

反相输入接法运算放大电路的基本构成如图 6-20 所示。

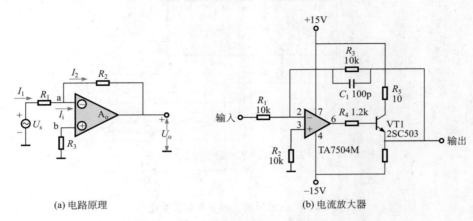

(a) 电路原理   (b) 电流放大器

图 6-20　反相输入接法运算放大电路

【提示】▶▶▶

反相输入接法运算放大电路也称为反相比例放大电路。输入信号通过电阻 R_1 接到反相输入端。反馈电阻 R_2 接在输出端与反相输入端之间,构成电压并联负反馈。同相端通过电阻 R_3 接到地。R_3 称为输入平衡电阻。其作用是使两个输入端外接电阻相等,为此 $R_3 = R_1 // R_2$。

对反相输入接法的电路进行分析:

运算放大器本身不吸收电流,即 $I_i = 0$,则 $I_1 = I_2$。并且可以推导出 $U_a = U_b$,此时有 $U_a = U_b = 0$,因而可分别求出 I_1 和 I_2。

$$I_1 = \frac{U_s - U_a}{R_1} = \frac{U_s}{R_1}$$

$$I_2 = \frac{U_a - U_o}{R_2} = -\frac{U_o}{R_2}$$

因此

$$\frac{U_s}{R_1} = -\frac{U_o}{R_2}$$

从而可得闭环电压放大倍数 A_{uf} 为

$$A_{uf} = \frac{U_o}{U_s} = \frac{-R_2}{R_1}$$

可见，输出电压 U_o 与输入电压 U_s 成比例关系，负号表示相位相反。

（2）同相输入接法的运算放大电路

同相输入接法运算放大电路的基本构成如图 6-21 所示。

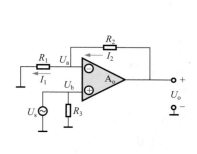

(a) 电路原理

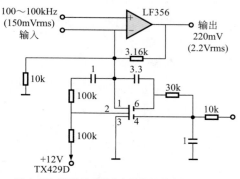

(b) 应用实例(增益可调的交流信号放大器)

图 6-21　同相输入接法运算放大电路

【提示】▶▶▶

　　同相输入接法的运算放大电路也称为同相比例放大电路。信号由同相端加入，反馈电阻 R_2 接到反相输入端。同时反相端和同相端各接一电阻 R_1 和 R_3 到地，且为了满足平衡条件，要求 $R_3=R_1//R_2$。由于反馈信号不是接在同一输入端，所以属电压串联负反馈。

　　同样

$$U_a = U_b = U_s$$
$$I_1 = I_2$$

由图 6-21（a）可知

$$I_1 = \frac{U_a}{R_1} = \frac{U_s}{R_1}$$

$$I_2 = \frac{U_o - U_a}{R_2} = \frac{U_o - U_s}{R_2}$$

从而可得同相输入下的闭环电压放大倍数

$$A_{uf} = \frac{U_o}{U_s} = 1 + \frac{R_2}{R_1}$$

上式表明，输出电压与输入电压同样成正比例关系，且输出与输入相位相同。如果令 $R_2=0$，则有

$$A_{uf}=1 \qquad U_o = U_s$$

电压跟随器电路如图 6-22 所示，它属于同相接入法的一种特殊电路。

该电路将所有的输出电压都直接反馈到反相输入端，可以看出，直接反馈的连接方式使得电压增益为 1（这意味着没有增益）。

电压跟随器电路最重要的特性就是它具有很高的输入阻抗和很低的输出阻抗。这些特性使它非常接近理想缓冲放大器，可作为连接高阻抗信号和低阻抗负载的中介电路。

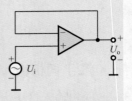

图 6-22 电压跟随器

（3）差动输入接法

差动输入接法运算放大电路的基本构成如图 6-23 所示。

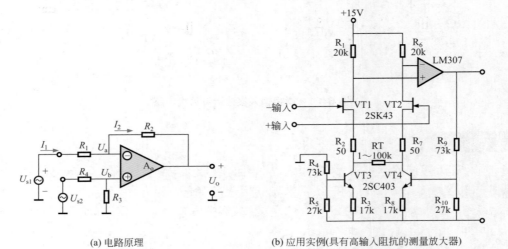

(a) 电路原理　　　　　　　　(b) 应用实例(具有高输入阻抗的测量放大器)

图 6-23 差动输入接法运算放大电路

信号 U_{s1} 通过电阻 R_1 接到反相输入端，U_{s2} 通过电阻 R_4 接到同相输入端，反馈信号仍是接到反相输入端。为了满足平衡条件，通常使 $R_1=R_4$，$R_2=R_3$。由图 6-23 可见，由于运算放大不吸收电流，因而有

$$U_{b} = \frac{R_3}{R_3 + R_4}U_{s2}$$

而 $U_a=U_b$，所以

$$U_{a} = \frac{R_3}{R_3 + R_4}U_{s2}$$

故

$$I_1 = \frac{U_{s1} - U_a}{R_1} = \left(U_{s1} - \frac{R_3}{R_3 + R_4}U_{s2} \right) / R_1$$

$$I_2 = \frac{U_a - U_o}{R_2} = \left(\frac{R_3}{R_3 + R_4} U_{s2} - U_o\right) / R_2$$

根据 $I_1 = I_2$，可解得

$$U_o = \frac{R_3}{R_3 + R_4}\left(1 + \frac{R_2}{R_1}\right)U_{s2} - \frac{R_2}{R_1}U_{s1}$$

如果满足 $R_1 = R_4$，$R_2 = R_3$　上式可简化为

$$U_o = -\frac{R_2}{R_1}(U_{s1} - U_{s2})$$

可见，差动输入时，其输出电压与两输入电压之差成比例。

反相加法运算电路如图 6-24 所示。

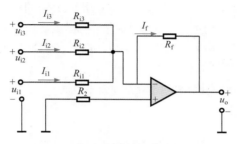

图 6-24　反向加法运算电路

【提示】▶▶▶

若在反相输入接法加入若干输入电路，则构成反向加法运算电路。当 $R_{i1} = R_{i2} = R_{i3} = R_f$ 时，则 $u_o = u_{i1} + u_{i2} + u_{i3}$。可见电路的输出电压与各输入电压成正比。

电压比较器及输出波形如图 6-25 所示。

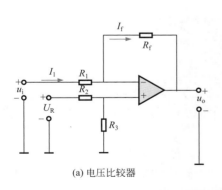

(a) 电压比较器

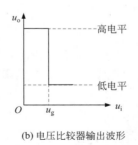

(b) 电压比较器输出波形

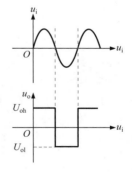

(c) 过零比较器的输入和输出波形

图 6-25　电压比较器及输出波形

电压比较器用来比较输入电压和参考电压的关系。其中 U_R 是参考电压，加在同相输入端，输入端电压 u_i 加在反相输入端。

运算放大器工作在开环状态时，当 $u_i<U_R$ 时，$u_o=U_{oh}$（输出高电平），当 $u_i>U_R$ 时，$u_o=U_{ol}$（输出低电平）如图 6-25（b）所示。

当 $U_R=0$ 时，参考电压为 0。即输入电压 u_i 和 0 电压比较，也称为过零比较器。此时若 u_i 输入正弦波电压，如图 6-25（c）所示。当 u_i 为正半周时，u_o 输出低电平，当 u_i 在负半周时，u_o 输出高电平，如此往复，输出信号以高低电平的矩形波形输出。

6.4.2 基本运算放大器电路的识读

对基本运算放大器的识读，首先要了解基本运算放大器的特点和基本功能。接下来，从电路的主要电路部分入手，找到主要的运放部件，了解该运放的功能及结构特点。然后，依据运放引脚功能，理清信号经输入 / 输出信号端、控制端后产生的变化或影响。最后，顺信号流程，逐步完成整个运算放大电路的识读方法。

利用运算放大器构成的温度检测电路如图 6-26 所示。

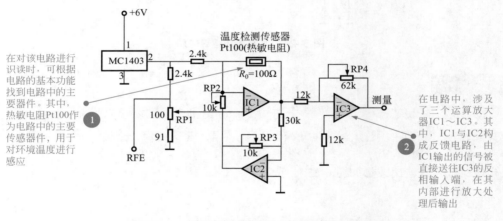

在对该电路进行识读时，可根据电路的基本功能找到电路中的主要器件。其中，热敏电阻Pt100作为电路中的主要传感器件，用于对环境温度进行感应

在电路中，涉及了三个运算放大器IC1～IC3。其中，IC1与IC2构成反馈电路，由IC1输出的信号被直接送往IC3的反相输入端，在其内部进行放大处理后输出

图 6-26　运算放大器构成的温度检测电路

MC1403 为基准电压产生电路，其②脚输出经电阻（2.4 kΩ）和电位器 RP1 等元件分压后加到运算放大器 IC1 的同相输入端，热敏电阻 Pt100 接在运算放大器的负反馈环路中。

环境温度发生变化，热敏电阻的值也会随之变化，IC1 的输出加到 IC3 的反相输入端，经 IC3 放大后作为温度传感信号输出，IC1 相当于一个测量放大器，IC2 是 IC1 的负反馈电路，RP2、RP3 可以微调负反馈量，从而提高测量的精度和稳定性。

6.5 遥控电路

6.5.1 遥控电路的特点

目前，最常用的遥控电路就是红外遥控电路，红外遥控是一种无线、非接触控制技术，具有抗干扰能力强、信息传输可靠、功耗低、成本低、易实现等显著优点，已广泛应用于彩色电视机、空调机、录像机、影碟机、音响系统及各种家用电器和电子设备中，并越来越多地应用到计算机系统中。红外遥控的距离一般为 6 ～ 8 m，使用非常方便。红外发射、接收电路均有完整的专用配套器件，这不仅使外围电路变得简单，且工作的可靠性也得到了保证。红外遥控电路主要由红外发射电路和红外接收电路组成。

（1）红外发射电路

红外遥控的发射电路是采用红外发光二极管来发出经过调制的红外光波，其电路结构多种多样，其工作频率也可根据具体的应用条件而定。利用红外发光二极管发射红外线有两种方式，一是单路控制型电路，二是多路控制型电路。其中单路控制型电路采用非编码脉冲调制来产生调制光信号。常用的红外发射电路有 555 红外发射电路、M50560 红外发射电路、编码式红外发射电路。

① 555 红外发射电路　由 555 时基电路组成的单通道非编码式红外发射电路如图 6-27 所示。

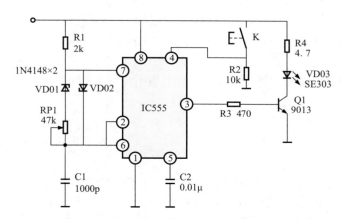

图 6-27　由 555 时基电路组成的单通道非编码式红外发射电路

【提示】▶▶▶

电路中的 555 集成电路构成多谐振荡器，由于在充放电回路中设置了隔离二极管 VD01、VD02，所以充放电回路可独立调整，使电路输出脉冲的占空比达到 1：10，这有助于提高红外发光二极管的峰值电流，增大发射功率。555 时基电路③脚输出的脉冲信号经 R3 加到三极管 Q1 的基极，由 Q1 驱动红外发光二极管 VD03 工作。只要按动一次按钮开关 K，电路便可向外发射红外线。作用距离为 5 ～ 8m。

② M50560 红外发射电路　用 M50560 遥控发射集成电路组成的单通非编码式红外发射电路，如图 6-28 所示。

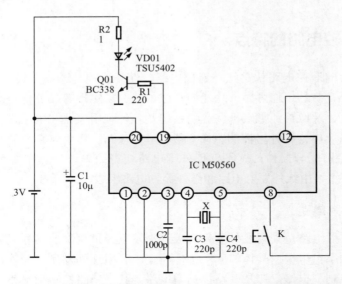

图 6-28　用 M50560 遥控发射集成电路组成的单通非编码式红外发射电路

【提示】▶▶▶

　　在 M50560 的第④、⑤脚接有 C3、C4 及石英晶振 X，它们和内部电路组成时钟振荡器，可产生 456kHz 的脉冲信号，经 12 分频后成为 38kHz，占空比为 1:3 的红外载波信号。M50560 的 ⑲ 脚为调制信号的输出端，经三极管 Q01 驱动红外发光二极管 VD01 工作。K 为发射控制键，只要按动 K，便可向外发射调制的红外光。

③ 编码式红外发射电路　遥控器编码式红外发射电路如图 6-29 所示。

【提示】▶▶▶

　　该电路是由红外遥控键盘矩阵电路、M50110P 红外遥控发射集成电路及放大驱动电路三部分组成。

　　它的核心电路是 IC01（M50110P）红外遥控发射集成电路。其④～⑭ 脚外接键盘矩阵电路，即人工指令输入电路。操作按键后，IC01 的 ⑮ 脚输出遥控指令信号，经 Q01、Q02 放大后去驱动红外发光二极管 VD01 ～ VD03，发射出红外光遥控信号。

　　K01 为蜂鸣器，Q03、Q04 为蜂鸣器驱动晶体管，发射信号时蜂鸣器有鸣声，以提示信号已发射出去。

（2）红外接收电路

　　有了红外发射电路，再加上红外接收控制电路便可组成一个完整的红外遥控电路系统。

　　红外接收电路由红外接收二极管，放大、滤波和整形电路等组成，它们将红外发射器发射的红外光接收下来转换为相应的电信号，再送到前置放大器进行放大，最后由驱动电路来驱动执行元件实现各种指令的操作控制（机构）。红外接收电路也是多种多样的，可根据实际电路的要求，设计出各种形式的接收电路。

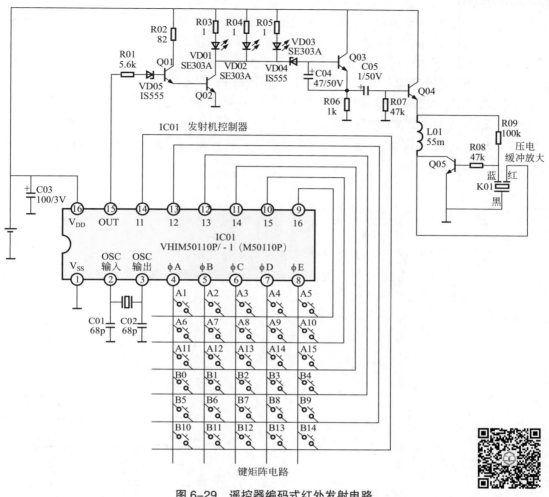

图6-29 遥控器编码式红外发射电路

红外光控自动开关接收电路

红外光信号的接收电路如图6-30所示。

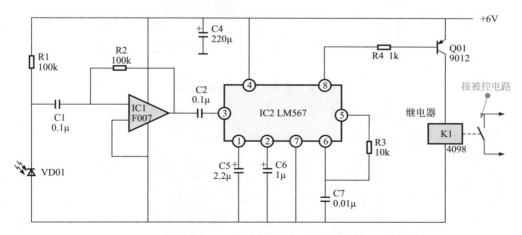

图6-30 红外光控自动开关接收电路

【提示】▶▶▶

电路主要是由集成运算放大器 IC1 和锁相环集成电路 IC2 组成。

由红外发射电路发射出的红外光信号由红外接收二极管 VD01 接收，并转变为电脉冲信号，该信号经 IC1 集成运算放大器进行放大，输入到锁相环集成电路 IC2。该电路由 R3 和 C7 组成具有固定频率的振荡器，其频率与发射电路的频率相同。C5 与 C6 为滤波电容。由于 IC1 输出信号的振荡频率与锁相环集成电路 IC2 的振荡频率相同，IC2 的⑧脚输出低电平，此时使三极管 Q01 导通，继电器 K1 吸合，其触点可作为开关去控制被控负载。平时没有红外光信号发射时，IC2 的第⑧脚为高电平，Q01 处于截止状态，继电器不会工作。

6.5.2 遥控电路的识读

在对遥控接收电路进行识读时，通常先根据其电路功能，将电路进行划分，区分开遥控发射和遥控接收部分。接着，分别从各单元电路入手，找到电路中主要元器件，并对其功能进行了解，逐一识读线路的基本信号流程。

简单的红外光遥控电路如图 6-31 所示。

❶ 根据电路功能，该电路可被划分成遥控发射电路和遥控接收电路两部分。在对电路进行识读时，可首先从遥控发射电路入手，了解其控制信号的走向

❷ 在对遥控接收电路进行识读时，其信号的输入端为红外光敏二极管，其用来接收由遥控发射电路送出的光信号，读者可以将这一信号的变化作为识读的主线，逐步了解该信号在经过不同部件后，所产生的变化

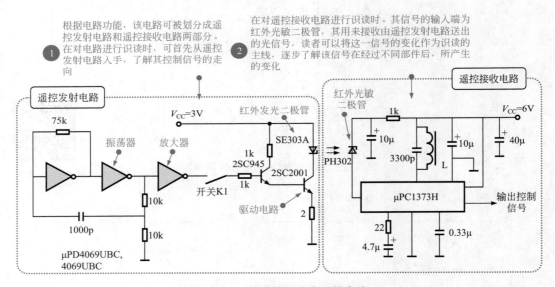

图 6-31 简单的红外光遥控电路

【提示】▶▶▶

遥控发射电路是由振荡器、放大器、开关 K1、驱动电路等部分构成的，振荡器产生的脉冲信号经放大、开关 K1 和驱动电路后形成编码信号再去驱动红外发光二极管。

红外遥控接收电路是由 μPC1373H 和红外光敏二极管等部分构成的，红外光敏二极管收到光信号后，将光信号变成电流送给 μPC1373H，经放大、滤波后输出控制信号。

第7章 ▶▶▶
传感器与微处理器电路识读

7.1 传感器控制电路

7.1.1 温度检测控制电路

温度检测控制电路主要是通过温度传感器对周围（环境）温度进行检测，一旦温度发生变化，控制电路便可根据温度的变化执行相应的动作。

（1）典型温度检测控制电路

图 7-1 为温度检测控制电路。温度传感器 LM35D 将温度检测值转换成直流电压送到电

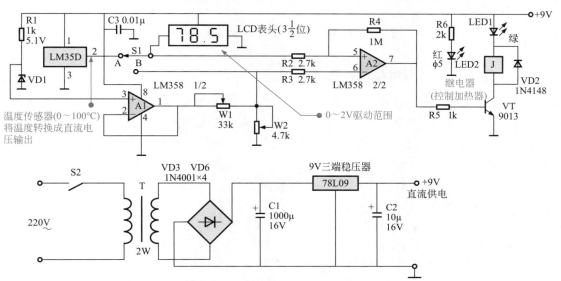

图 7-1　温度检测控制电路

压比较器 A2 的⑤脚，A2 的⑥脚为基准设定的电压，基准电压是由 A1 放大器和 W1、W2 微调后设定的值，当温度的变换使 A2 ⑤脚的电压超过⑥脚时，A2 输出高电平使 VT 导通，继电器 J 动作。开始启动被控设备，如加热器等设备。

（2）蔬菜大棚中的典型温度检测控制电路

图 7-2 为蔬菜大棚中应用的温度检测控制电路。它主要是由温度传感器 SL234M，运算放大器 LM324、LM358，双时基电路 NE556，继电器 J 和显示驱动电路等部分构成的。温度传感器输出的温度等效电压经多级放大器后在放大器（6）中与设定值进行比较，然后经 NE556 去控制继电器，再对大棚加热器进行控制，同时将棚内的温度范围通过发光二极管（LED）显示出来。

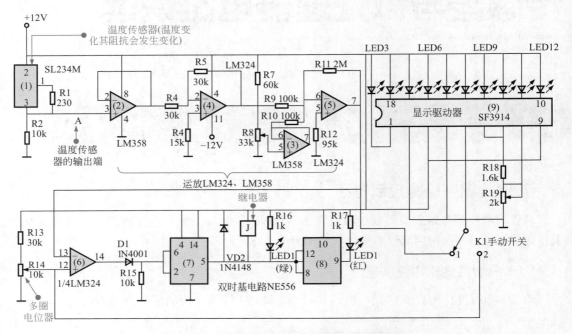

图 7-2　蔬菜大棚中应用的温度检测控制电路

（3）热敏电阻式温度检测控制电路

图 7-3 所示是热敏电阻式温度控制器的原理图。该电路采用热敏电阻器作为感温元件。当感应温度发生变化，热敏电阻器便会发生变化，从而进一步控制继电器，使压缩机动作。

电路中三极管 VT1 的发射极和基极接在电桥的一条对角线上，电桥的另一对角线接在 18V 电源上。

RP 为温度调节电位器。当 RP 固定为某一阻值时，若电桥平衡，则 A 点电位与 B 点电位相等，VT1 的基极与发射极间的电位差为零，三极管 VT1 截止，继电器 K 释放，压缩机停止运转。

随着停机后箱内的温度逐渐上升，热敏电阻 R1 的阻值不断减小，电桥失去平衡，A 点电位逐渐升高，三极管 VT1 的基极电流 I_b 逐渐增大，集电极电流 I_c 也相应增大，箱内温度越高，R1 的阻值越小，I_b 越大，I_c 也越大。当集电极电流 I_c 增大到继电器的吸合电流时，继电器 K 吸合，接通压缩机电机的电源电路，压缩机开始运转，系统开始进行制冷运行，箱内温度逐渐下降。随着箱内温度逐步下降，热敏电阻 R1 阻值逐步增大，此时三极管基极电流 I_b 变小，集电极电流 I_c 也变小，当 I_c 小于继电器的释放电流时，继电器 K 释放，压缩机电机断电停止工作。停机后箱内的温度又逐步上升，热敏电阻 R1 的阻值又不断减小，使电路进行下一次工作循环，从而实现了箱内温度的自动控制。

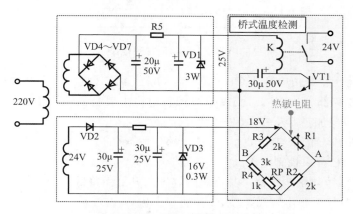

图 7-3　热敏电阻式温度控制器的原理图

目前，热敏电阻式温度控制器已制成集成电路式，其可靠性较高并且可通过数字显示有关信息。电子式（热敏电阻式）温度控制器是利用热敏电阻作为传感器，通过电子电路控制继电器的开闭，从而实现自动温度检测和自动控制的功能。

图 7-4 为桥式温度检测电路的结构。该电路是由桥式电路、电压比较放大器和继电器等部分组成。在 C、D 两端接上电源，根据基尔霍夫定律，当电桥的电阻 $R_1 \times R_4 = R_2 \times R_3$ 时，A、B 两点的电位相等，输出端 A 与 B 之间没有电流流过。热敏电阻 R_1 的阻值随周围环境温度的变化而变化，当平衡受到破坏时，A、B 之间有电流输出。因此，在构成温度控制器时，可以很容易地通过选择适当的热敏电阻来改变温度调节范围和工作温度。

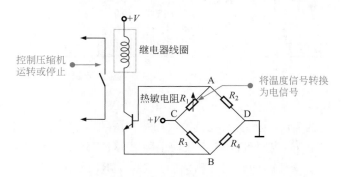

图 7-4　桥式温度检测电路的结构

（4）自动检测加热电路

图 7-5 为一种简易的小功率自动检测加热电路。该电路主要是由电源供电电路和温度检测控制电路构成的。

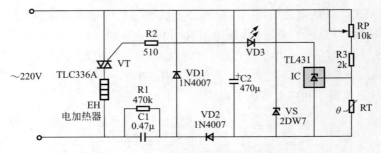

小功率自动检测
加热电路

图 7-5 简易的小功率自动检测加热电路

电源供电电路主要是由电容器 C1、电阻器 R1、整流二极管 VD1、VD2、滤波电容器 C2 和稳压二极管 VS 等部分构成的；温度检测控制电路主要是由热敏电阻器 RT、电位器 RP、稳压集成电路 IC、电加热器及外围相关元件构成的。

电源供电电路输出直流电压分为两路：一路作为 IC 的输入直流电压；另一路经 RT、R3 和 RP 分压后，为 IC 提供控制电压。

RT 为负温度系数热敏传感器，其阻值随温度的升高而降低。当环境温度较低时，RT 的阻值较大，IC 的控制端分压较高，使 IC 导通，二极管 VD3 点亮，VT 受触发而导通，电加热器通电开始升温。当温度上升到一定温度后，RT 的阻值随温度的升高而降低，使集成电路控制端电压降低，VD3 熄灭、VT 关断，EH 断电停止加热。

图 7-6 为一种典型的 NE555 控制的自动检测加热实用电路。该电路主要是由电源电路、温度检测控制电路构成的。

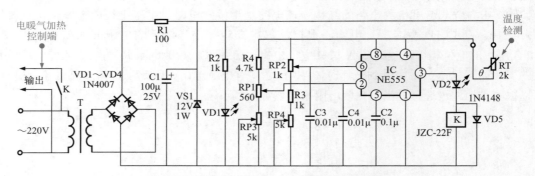

图 7-6 典型的自动检测加热实用电路

电路中，电源电路主要由交流输入部分、电源开关 K、降压变压器 T、桥式整流电路（VD1 ～ VD4）、电阻器 R1、电源指示灯 VD1、滤波电容器 C1 和稳压二极管 VS1 构成。

温度检测电路是由热敏电阻 RT、555 集成电路 IC（NE555）、电位器 RP1 ～ RP3、继电器 K、发光二极管 VD2 及外围相关元件构成的。其中，RT 为负温度系数热敏电阻，其阻值随温度的升高而降低。

交流 220V 电压经变压器 T 降压，桥式整流电路整流，电容滤波，二极管稳压后产生约 12V 的直流电压，为集成电路 IC 提供工作电压。当该电路检测到环境温度较低时，热敏电阻器 RT 的阻值变大，集成电路 IC 的②脚、⑥脚电压降低，③脚输出高电平，VD2 点亮，继电器 K 得电吸合，其常开触点将电加热器的工作电源接通，使环境温度升高；同样，当环境温度升高到一定温度时，RT 的阻值变小，集成电路 IC 的②脚、⑥脚电压升高，③脚输出低电平，VD2 熄灭，继电器 K 释放，其常开触点将电加热器的工作电源切断，使环境温度逐渐下降。

7.1.2　湿度检测控制电路

（1）湿度检测报警电路

湿度反映大气干湿的程度，测量环境湿度对工业生产、天气预报、食品加工等非常重要。湿敏传感器是对环境相对湿度变换敏感的元件，通常由感湿层、金属电极、引线和衬底基片组成。

图 7-7 为施密特湿度检测报警电路。可以看到，由三极管 VT1 和 VT2 等组成的施密特电路，当环境湿度小时，湿敏电阻器 RS 电阻值较大，施密特电路输入端处于低电平状态，VT1 截止、VT2 导通，红色发光二极管点亮；当湿度增加时，RS 电阻值减小，VT1 基极电流增加，VT1 集电极电流上升，负载电阻器 R1 上电压降增大，导致 VT2 基极电压减小，VT2 集电极电流减小，由于电路正反馈的工作使 VT1 饱和导通，VT2 截止，使 VT2 的集电极接近电源电压，红色发光二极管熄灭。同样道理，当湿度减少时，导致另一个正反馈过程，施密特电路迅速翻转到 VT1 截止、VT2 饱和导通状态，红色发光二极管从熄灭跃变到点亮。

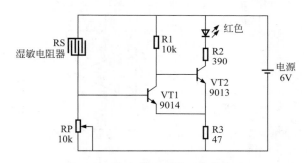

图 7-7　施密特湿度检测报警电路

（2）自动喷灌控制电路

图 7-8 为典型的喷灌控制电路。该电路主要是由湿度传感器、检测信号放大电路（晶体管 VT1、VT2、VT3 等）、电源电路（滤波电容 C2、桥式整流电路、变压器 T）和直流电动机 M 等构成的。

在电路中，湿度传感器用于检测土壤中的湿度情况，直流电动机 M 用于带动喷灌设备动作。

当喷灌设备工作一段时间后，土壤湿度达到适合农作物生长的条件，此时湿度传感器体现在电路中为电阻值变小，此时 VT1 导通，并为 VT2 基极提供工作电压，VT2 也导通。VT2 导通后直接将 VT3 基极和发射极短路，因此 VT3 截止，从而使继电器线圈 K1 失电断开，并带动其常开触点 K1-1 恢复常开状态，直流电动机断电停止工作，喷灌设备停止喷水。

当土壤湿度变干燥时，湿度传感器之间的电阻值增大，导致 VT1 基极电位较低，此时 VT1 截止，VT2 截止，VT3 的基极由 R4 提供电流而导通，继电器线圈 K1 得电吸合，并带动其常开触点 K1-1 闭合，直流电动机接通电源，开始工作。

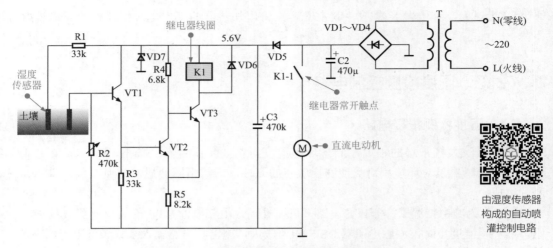

图 7-8　由湿敏传感器构成的喷灌控制电路

（3）土壤湿度检测电路

图 7-9 为一种常见的土壤湿度检测电路，该电路的传感器件是由湿度探头传感器构成的。

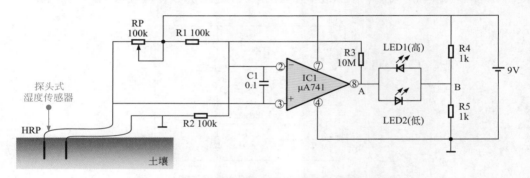

图 7-9　由湿度探头传感器构成的土壤湿度检测电路

该电路主要通过两个发光二极管的显示状态，指示土壤的不同湿度状态：当两只二极管都不发光或发光暗淡时，说明土壤湿度适于所种植物的生长；当 LED1 亮而 LED2 不亮时，说明土壤湿度过高；当 LED1 不亮而 LED2 亮时，说明土壤湿度过低。

湿度探头传感器的探头是插在被检测的土壤中的，其探头根据所感知土壤湿度呈现不同的电阻值，并与电阻器 R1、R2 和 RP 构成桥式电路。首先记录当土壤湿度适合种植物生长时所检测到的电阻值，并通过调节 RP 的电阻将其设置为与传感器探头两端的土壤电阻值相等，此时桥式电路处于平衡状态，运算放大器 IC1 的两个输入端之间电位差为零，其⑧脚输出电压约为电源电压的一半。由于电阻器 R4、R5 的分压值也为电源电压的一半，故发光二极管 LED1 和 LED2 都不发光。此时土壤湿度合适。

当土壤过于潮湿时，探头传感器输出的电阻信号远小于 RP 的阻值，此时电桥失去平衡，则运算放大器 IC1 的②脚电压大于其③脚电压，IC1 的⑧脚输出低电平，此时 LED1 亮，LED2 灭，显示土壤湿度过高。

当土壤过于干燥时，传感器探头输出的电阻信号远高于 RP 的阻值，也使得电桥失去平

衡，IC1 的②脚电压小于③脚电压，IC1 的⑧脚输出高电平，此时 LED1 灭，LED2 亮，显示土壤湿度过低

（4）粮库湿度检测和报警电路

图 7-10 为粮库湿度检测器电路图。该电路主要是由电容式湿度传感器 CS，555 时基振荡电路 IC1、倍压整流电路 VD1、VD2 及湿度指示发光二极管等构成的。

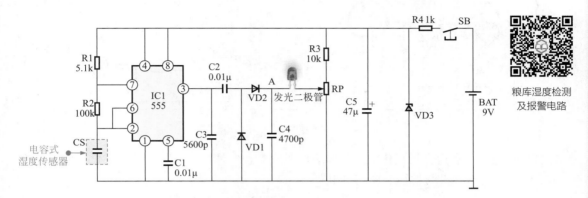

图 7-10　粮库湿度检测器电路

电路中，电容式湿度传感器用于监测粮食的湿度变化，当粮食受潮，湿度增大时，该电容器的电容量减小，其充放电时间变短，引起时基振荡电路②、⑥脚外接的时间常数变小，则其内部振荡器的谐振频率升高。当 IC1 ③脚输出的频率升高时，该振荡信号经耦合电容器 C2 后，由倍压整流电路 VD1、VD2 整流为直流电压。频率的升高引起 A 点直流电压的升高，当发光二极管左侧电压高于右端电压时，发光二极管发光。

也就是说，当发光二极管发光时，粮食的湿度较大。若该电路用于监测储藏粮食湿度的情况，则当二极管发光时，应对粮库实施通风措施，否则湿度过大，粮食容易变质。

7.1.3　气体检测控制电路

（1）气体报警电路

图 7-11 为由气敏电阻器等元件构成的家用气体报警器电路，此电路中 QM-N10 是一个气敏电阻器。220V 市电经电源变压器 T1 降至 5.5V 左右，作为气敏电阻器 QM-N10 的加热电压。气敏电阻器 QM-N10 在洁净空气中的阻值大约为几十千欧，当接触到有害气体时，电阻值急剧下降，使气敏电阻器的输出端电压升高，该电压加到与非门上。由与非门 IC1A、IC1B 构成一个门控电路，IC1C、IC1D 组成一个多谐振荡器。当 QM-N10 气敏传感器未接触到有害气体时，其电阻值较高，输出电压较低，使 IC1A ②脚处于低电平，IC1A 的①脚处于高电平，故 IC1A 的③脚为高电平，经 IC1B 反相后其④脚为低电平，多谐振荡器不起振，三极管 VT2 处于截止状态，故报警电路不发声。一旦 QM-N10 感应到有害气体时，阻值急剧下降，在电阻 R2、R3 上的压降使 IC1A 的②脚处于高电平，此时 IC1A 的③脚变为低电平，经 IC1B 反相后变为高电平，多谐振荡器起振工作，三极管 VT2 周期性地导通与截止，于是由 VT1、T2、C4、HTD 等构成的正反馈振荡器间歇工作，发出报警声。与此同时，发光二极管 LED1

粮库湿度检测及报警电路

闪烁，从而达到有害气体泄漏报警的目的。

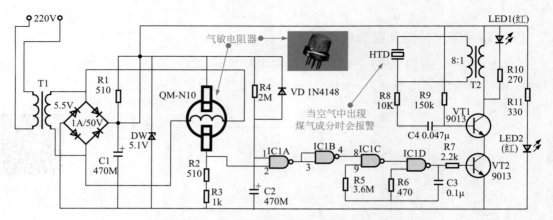

图 7-11　气敏传感器及接口电路

气敏电阻器是利用金属氧化物半导体表面吸收某种气体分子时，会发生氧化反应和还原反应而使电阻值改变的特性而制成的电阻器。

（2）井下氧浓度检测电路

图 7-12 为一种井下氧浓度检测电路，该电路可用于井下作业的环境中，检测空气中的氧浓度。电路中的氧气浓度检测传感器将检测结果变成直流电压，经电路放大器 IC1-1 和电压比较器 IC1-2 后，去驱动晶体管 VT1，再由 VT1 去驱动继电器，继电器动作后触点接通，蜂鸣器发声，提醒氧浓度过低，引起人们的注意。

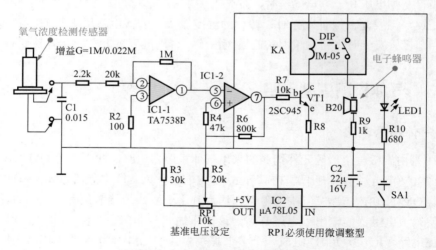

图 7-12　井下氧浓度检测电路

7.1.4　磁场检测控制电路

图 7-13 为典型锅质检测电路。锅质检测是靠炉盘的感应电压（电动势）来实现的。

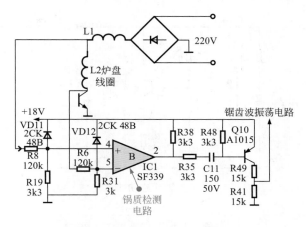

图 7-13　电磁炉的锅质检测电路

工作时，交流 220V 经桥式整流堆输出 300V 的直流电压，300V 的直流电压经过平滑线圈 L1，将电压送到炉盘线圈 L2 上。炉盘线圈 L2 的工作是受门控管的控制，门控管的开、关控制在炉盘线圈里面就变成了开、关的电流变化（即高频振荡的开、关电流）。

当锅放到炉盘上，锅本身就成为电路的一部分。当锅靠近炉盘线圈，由于锅是软磁性材料，很容易受到磁化的作用，有锅和没有锅，以及锅的大小、厚薄，都会对炉盘线圈的感应产生一定的影响。从炉盘线圈取出一个信号经过电阻 R6 送到电压比较器（锅质检测电路）SF339 的⑤脚。SF339 是一个集成电路，它是由 4 个比较器构成的。SF339 的④脚和⑤脚分别有正号和负号的标识，其中正号表示同向输入端（即输入的信号和输出的信号的相位相同），负号表示反向输入端（即输出信号和输入信号的相位相反）。以④脚的电压为基准，若线圈输出信号有变化，就会引起⑤脚输入的电压发生变化。如果⑤脚的输入电压低于④脚，那么电压比较器 SF339 ②脚的输出电压就是高电平；如果⑤脚的电压升高超过了④脚的电压，那么 SF339 ②脚的输出电压就会变成低电平。因此，如果 SF339 ②脚输出的电压发生变化，就表明被检测的物质发生变化。锅质检测电路输出的信号经过晶体管 Q10，会将变化的信号放大，然后用放大的信号去控制锯齿波振荡电路，这就是这种电压比较器（锅质检测电路）的工作过程。

7.1.5　光电检测控制电路

（1）光电防盗报警电路

图 7-14 是具有锁定功能的物体检测和报警电路，可用于防盗报警。如果有人入侵到光电检测的空间，光被遮挡，光敏晶体管截止，其集电极电压上升，使 VD1、VT1 都导通，晶闸管也被触发而导通，报警灯则发光，只有将开关 K1 断开一下，才能解除报警状态。

（2）光控开关电路

图 7-15 为典型光控开关电路的结构图。该电路主要是由光敏电阻 R_G 与时基集成电路 IC1（SG555）、继电器线圈（KA）及继电器常开触点 KA-1 构成的。

该电路中，光敏电阻器 R_G 可根据光照强度的不同在 $10k\Omega \sim 1M\Omega$ 之间变化。

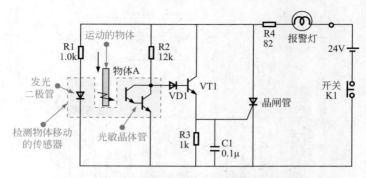

图 7-14　防盗报警（移动物体检测）电路

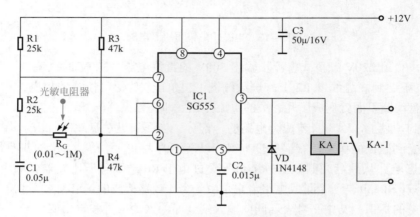

图 7-15　典型光控开关电路的结构

当无光照或光线较暗时，光敏电阻器 R_G 呈高阻状态，其在电路中呈现的阻值远远大于 R3 和 R4，IC1 ③脚输出低电平，继电器不动作。

当有光照时，光敏电阻器 R_G 电阻值变小，IC1 ③脚输出变为高电平，继电器线圈 KA 得电吸合，并带动常开触点 KA-1 闭合，被控电路随之动作。

（3）光控照明电路

图 7-16 为采用光敏传感器（光敏电阻）的光控照明灯电路。该电路可大致划分为光照检测电路和控制电路两部分。

采用光敏传感器的光控照明灯电路

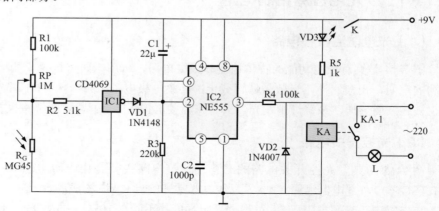

图 7-16　采用光敏传感器（光敏电阻）的光控照明灯电路

光照检测电路是由光敏电阻 R_G、电位器 RP、电阻器 R1、R2 以及非门集成电路 IC1 组成的。控制电路是由时基集成电路 IC2、二极管 VD1、VD2、电阻器 R3 ~ R5、电容器 C1、C2 以及继电器线圈 KA、继电器常开触点 KA-1 组成的。

当白天光照较强时，光敏电阻器 R_G 的阻值较小，则 IC1 输入端为低电平，输出为高电平，此时 VD1 导通，IC2 的②、⑥脚为高电平，③脚输出低电平，发光二极管 VD3 亮，但继电器线圈 KA 不吸合，灯泡 L 不亮。

当光线较弱时，R_G 的电阻值变大，此时 IC1 输入端电压变为高电平，输出低电平，使 VD1 截止；此时，电容器 C1 在外接直流电源的作用下开始充电，使 IC2 ②、⑥脚电位逐渐降低，③脚输出高电平，使继电器线圈 KA 吸合，带动常开触点闭合，灯泡 L 接通电源，点亮。

（4）自动应急灯电路

图 7-17 为一种采用电子开关集成电路的自动应急灯电路。用该电路制作成的自动应急灯在白天光线充足时不工作，当夜间光线较低时能自动点亮。

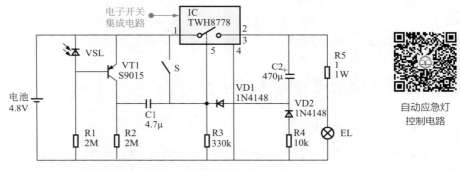

图 7-17 自动应急灯电路

图 7-17 中自动应急灯电路主要是由电源供电电路、光控电路和电子开关电路等部分构成的。在白天或光照强度较高时，光敏二极管 VSL 电阻值较小，三极管 VT1 处于截止状态，后级电路不动作，灯泡 EL 不亮；当到夜间光线变暗时，VSL 电阻值变大，使晶体管 VT1 基极获得足够促使其导通的电压值，后级电路开始进入工作状态，电子开关集成电路 IC 内部的电子开关接通，灯泡 EL 点亮。

7.2 微处理器及相关电路

7.2.1 典型微处理器的基本结构

微处理器简称 CPU，它是将控制器、运算器、存储器、输入和输出通道、时钟信号产生电路等集成于一体的大规模集成电路。由于它具有分析和判断功能，犹如人的大脑，因而又被称为微电脑，广泛地应用于各种电子电器产品之中，为产品增添了智能功能。它有很多的品种和型号。

图 7-18 是典型的 CMOS 微处理器的结构示意图。从图中可知，它是一种双列直插式大规模集成电路，是采用绝缘栅型场效应晶体管制造工艺而成的，因而被称之为 CMOS 型微处理器，其中电路部分是由多部分组成的。

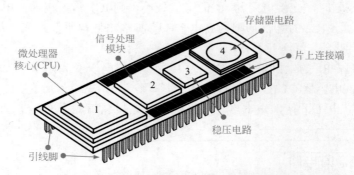

图 7-18　典型 CMOS 微处理器的电路结构实例

图 7-19 为 CMOS 8 位单片微处理器电路的内部结构框图（CXP750096 系列）。

由图可知，该电路是由 CPU、内部存储器（ROM、RAM）、时钟信号产生器、字符信号产生器、A/D 转换器和多路输入输出接口电路构成的，通过内部程序的设置可以灵活地对多个输入和输出通道进行功能定义，以便于应用在各种自动控制的电路中。

7.2.2　微处理器的外部电路

（1）输入端保护电路

CMOS 微处理器是一种大规模集成电路（LSI），其内部是由 N 沟道或 P 沟道场效应晶体管构成的，如果输入电压超过 200V 会使集成电路内的电路损坏，为此在某些输入引脚要加上保护电路，如图 7-20 所示。

由于各种输入信号的情况不同，当在各引脚之间加有异常电压的情况下，保护电路形成电路通道从而对 LSI（大规模集成电路）内部电路实现了保护。其保护电路的结构和工作原理如图 7-21 所示。

（2）复位电路

图 7-22（a）是微处理器复位电路的结构。微处理器的电源供电端在开机时会有一个从 0V 上升至 5V 的过程，如果在这个过程中启动，有可能出现程序错乱，为此微处理器都设有复位电路，在开机瞬间，复位端保持 0V，低电平。当电源供电接近 5V 时（大于 4.6V），复位端的电压变成高电平（接近 5V）。此时微处理器才开始工作。在关机时，当电压值下降到小于 4.6V 时复位电压下降为零，微处理器程序复位，保证微处理器正常工作。图 7-22（b）所示为电源供电电压和复位电压的时间关系。

图 7-23 为海信 KFR-25GW/06BP 变频空调器室内机微处理器的复位电路。开机时微处理器的电源供电电压是由 0 上升到 +5V，这个过程中启动程序有可能出现错误，因此需要在电源供电电压稳定之后再启动程序，这个任务是由复位电路来实现的。图中 IC1 是复位信号产生电路，②脚为电源供电端，①脚为复位信号输出端，该电压经滤波（C20、C26）后加到

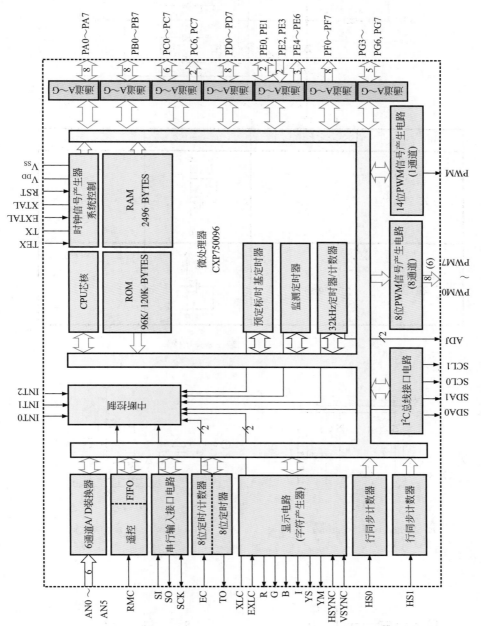

图 7-19　CMOS 8 位单片微处理器电路（CXP750096 系列）

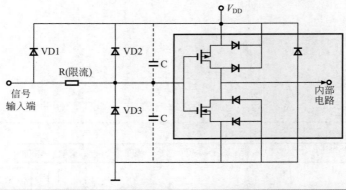

钳位二极管	耐压	IC内的晶体管	耐压
VD1、VD2	30～40V	P沟道	30V
VD3	30～40V	N沟道	40V

图 7-20 LSI 输入端子保护电路

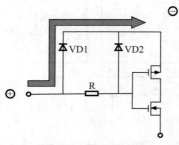

(a) 输入端与电源之间的通路

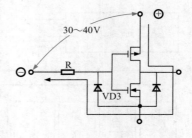

(b) 电源端与输入端之间的通路

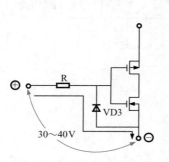

(c) 输入端与地线之间形成通路

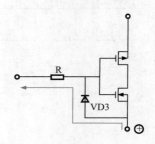

(d) 地线与输入端之间形成通路

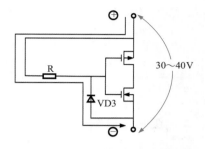

(e) 输入信号为高电平时电源与地线之间形成通路

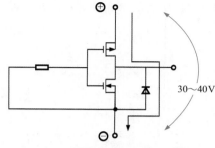

(f) 输入信号为低电平时电源与地线之间形成通路

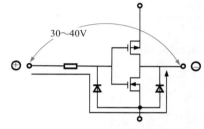

(g) 输入端与输出端之间形成通路

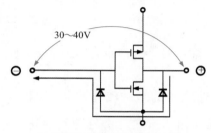

(h) 输出端与输入端之间形成通路

图 7-21　各种保护电路的结构和工作原理

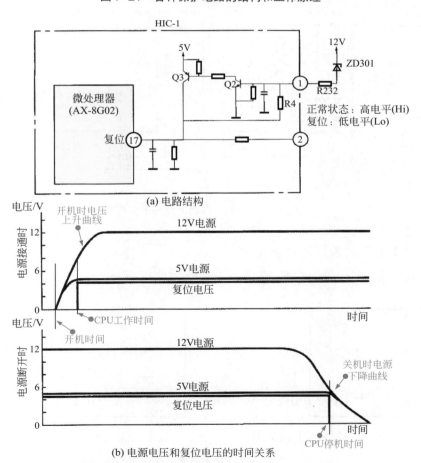

(a) 电路结构

(b) 电源电压和复位电压的时间关系

图 7-22　复位电路的检测部位和数据

CPU 的复位端 ㉔ 脚。复位信号比开机，时间有一定的延时，延时时间长度与 ㉔ 脚外的电容大小有关。

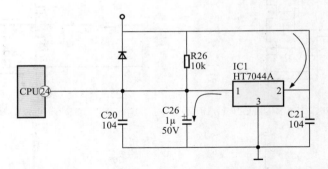

图 7-23　海信 KFR-25GW/06BP 变频空调器室内机微处理器的复位电路

（3）微处理器的时钟信号产生电路

图 7-24 是 CPU 时钟信号产生电路的外部电路结构。外部谐振电路与内部电路一起构成时钟信号振荡器，为 CPU 提供时钟信号。

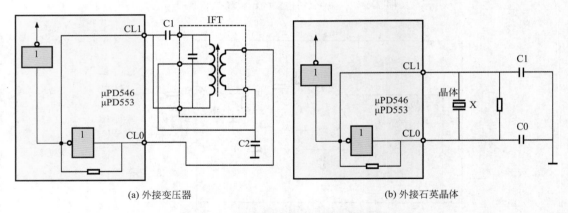

(a) 外接变压器　　　　　　　　　　　(b) 外接石英晶体

图 7-24　CPU 时钟电路的外部电路结构

（4）CPU 接口的内部和外部电路

图 7-25 是 CPU 输入 / 输出通道的内部和外部电路。

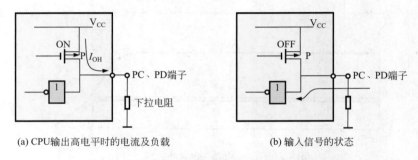

(a) CPU输出高电平时的电流及负载　　　(b) 输入信号的状态

图 7-25　CPU 输入 / 输出通道的内部和外部电路

图 7-26 是 CPU 输出通道的电路及工作状态，该通道采用互补推挽的输出电路。

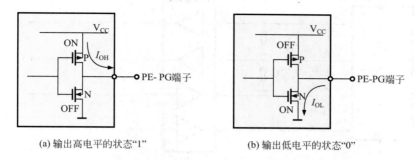

(a) 输出高电平的状态"1"   (b) 输出低电平的状态"0"

图 7-26　CPU 输出通道的结构及工作状态

（5）CPU 的外部接口电路

图 7-27 是 CPU 和外部电路的结构实例，由于 CPU 控制的电子电气元件（或电路）不同，被控电路所需的电压或电流不能直接从 CPU 电路得到，因而需要加接口电路（或称转换电路）。

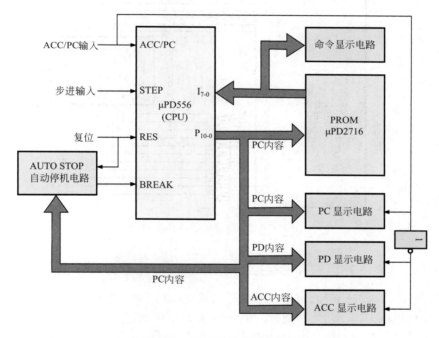

图 7-27　由 CPU 构成的电路系统

图 7-28 是 CPU 的输入和输出接口电路的实例，输入和输出信号都经 μMPD4050C 缓冲放大器，设置缓冲放大器的输入输出电压极性和幅度，可以满足电路的要求。

（6）CPU 对存储器（PROM）的接口电路

图 7-29 是 CPU 对存储器（PROM）的接口电路实例。微处理器（CPU）输出地址信号（$P_0 \sim P_{10}$）给存储器，存储器将数据信号通过数据接口送给 CPU。

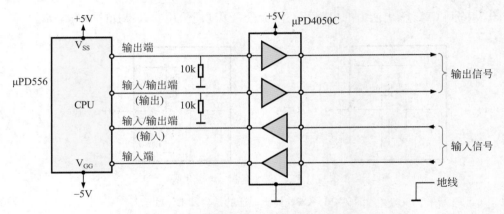

图 7-28 CPU 输入和输出接口电路

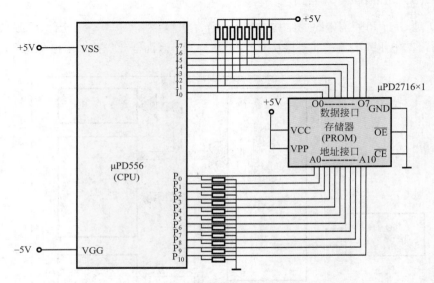

图 7-29 存储器接口电路实例

（7）CPU 的输入输出和存储器控制电路

图 7-30 是以 CPU 为中心的自动控制电路，该电路以 CPU 为中心，它工作时接收运行 / 自动停机 / 步进电路的指令，外部设有两个存储器存储工作程序，PH_{3-0} 输出控制指令经 PLA 矩阵输出执行指令。同时 CPU 输出显示信号。

7.2.3 定时电路

（1）定时控制电路（CD4060）

图 7-31 为一种简易定时电路，它主要由一片 14 位二进制串行计数 / 分频集成电路和供电电路等组成。IC1 内部电路与外围元件 R4、R5、RP1 及 C4 组成 RC 振荡电路。

当振荡信号在 IC1 内部经 14 级二分频后，在 IC1 的③脚输出经 8192（2^{13}）次分频信号，也就是说，若振荡周期为 T，利用 IC1 的③脚输出作延时，则延时时间可达 $8192T$，调节 RP1 可使 T 变化，从而起到调节定时时间的目的。

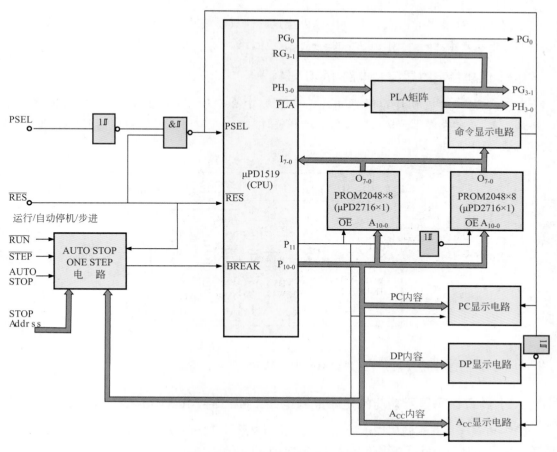

图 7-30　CPU 输入输出和存储器控制电路

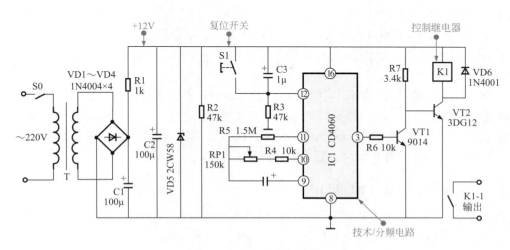

图 7-31　简易定时控制电路

开机时，电容 C3 使 IC1 清零，随后 IC1 便开始计时，经过 8192T 时间后，IC1 ③脚输出高电平脉冲信号，使 VT1 导通，VT2 截止，此时继电器 K1 因失电而停止工作，其触点即起到了定时控制的作用。

电路中的 S1 为复位开关，若要中途停止定时，只要按动一下 S1，则 IC1 便会复位，计数器便又重新开始计时。电阻 R2 为 C3 提供放电回路。

（2）低功耗定时器控制电路（CD4541）

图 7-32 为一种低功耗定时器电路，它主要由高电压型 CMOS 程控定时器集成电路 CD4541 和供电电路等部分构成。操作启动开关时，IC1 使 VT1 导通，继电器 K1 动作，K1-1 触点自锁，K1-2 闭合为负载供电。

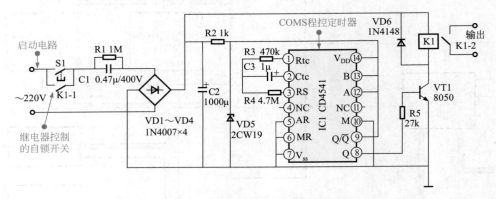

图 7-32　低功耗定时器电路

（3）具有数码显示功能的定时控制电路（NE55+74LS193+CD4511）

图 7-33 是一种具有数码显示功能的定时控制电路，其采用数码显示可使人们能直观地了解时间进程和时间余量，并可随意设定定时时间。

该电路中，IC1 为 555 时基电路，它与外围元件组成一个振荡电路。IC2 为可预置四位二进制可逆计数器 74LS193，它与 R2、C3 构成预置数为 9 的减法计数器。IC3 为 BCD-7 段锁存 / 译码 / 驱动器 CD4511，它与数码管 IC4 组成数字显示部分。C1 和 R1，RP1 用来决定振荡电路的翻转时间，为了使 C1 的充放电电路保持独立而互不影响，电路中加入了 VD1、VD2。

电路中，在接通电源的瞬间，因电容 C3 两端的电压不能突变，故给 IC2 一个置数脉冲，IC2 被置数为 9。与此同时，C1 两端的电压为零且也不能突变。故 IC1 的②、⑥脚为低电平，其③脚输出高电平，并为计数器提供驱动脉冲。IC2 ⑬ 脚输出脉冲信号的同时输出四位 BCD 信号，经译码器和驱动电路 IC3 去驱动数码管 IC4。

（4）定时提示电路（CD4518）

图 7-34 是一种典型的定时提示电路，该电路的主体是 IC1 COMS 向上计数器电路，内设振荡电路。电源启动后，即为 IC1 复位，计数器开始工作，经一定的计数周期（64 周期）后，$Q_7 \sim Q_{10}$ 端陆续输出高电平，当 $Q_7 \sim Q_{10}$ 都为高电平时，定时时间到，VT1 导通，蜂鸣器发声，提示时间到。

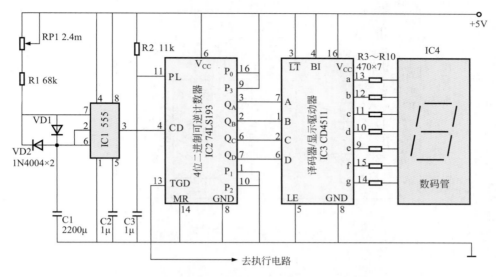

图 7-33 数码显示定时电路

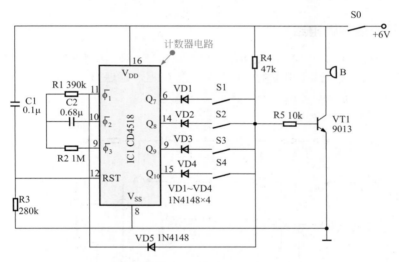

图 7-34 厨房定时器电路

（5）定时控制电路

图 7-35 为一种定时控制电路。该电路采用与非门 CD4011 和时基电路 NE555 等构成低功耗定时控制电路。该电路中，与非门 CD4011 组成 RS 触发器作电子开关。当 K1 闭合接上电源瞬间，100kΩ 电阻和 0.01μF 电容使 YF2 输入端处于低电平状态，即 RS 触发器的 $\overline{S} = 0$、$\overline{R} = 1$，则 $\overline{Q} = 0$，YF1 输出端被锁定在低电平"0"。晶体管 9013 截止，由 NE555 组成的单稳态定时器不工作。此时，整个电路仅有 YF1、YF2 和 9013 的静态电流（$1 \sim 2\mu A$）。当 K2 按下时，产生一个负脉冲，使 YF1 输出高电平并锁定，9013 导通，NE555 得电而开始进入暂稳态，NE555 的③脚输出高电平，继电器 J 吸合。经延时一段时间后暂稳态结束，NE555 又恢复稳态。这时③脚输出为低电平，继电器 J 释放。若要定时器重新工作，应切断一下电源开关 K1，然后再合上，接着再按下 K2 即可。利用继电器的触点可对其他电气元件进行控制。

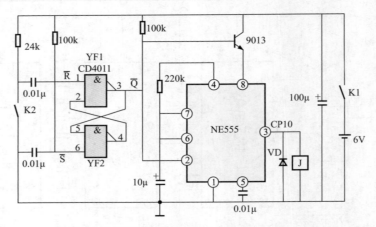

图 7-35　低功耗定时器电路

7.2.4　延迟电路

（1）键控延迟启动电路

图 7-36 为一种延迟启动电路，该电路中 SN74123 为双单稳态触发器，将终端设备的键控输出信号或其他的按键或继电器的输出信号进行延迟，延迟为 5ms 以上，它可以消除按键触点的颤抖。本电路可用于各种电子产品的键控输入电路。

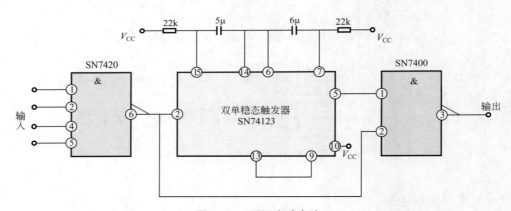

图 7-36　延迟启动电路

（2）单脉冲展宽电路

图 7-37 为一种由单稳态触发器 CD4528 构成的单脉冲展宽电路。当单稳态触发器输入一个窄脉冲，在输出端会有一个宽脉冲。输出脉冲宽度 T_w 可由 C_X、R_X 调节。图 7-37 中，t_{pd} 是从输入到输出的传输延迟时间。脉冲宽度可按 $T_w \approx 0.69 R_X C_X$ 计算。

（3）长时间脉冲延迟电路

图 7-38 为一种长时间脉冲延迟电路。该电路采用三个晶体管能延长 D 触发器的延迟时

间。在电容 C1 上的电压到达单结晶体管 VT1 的转移电平之前，VT1 仍处于截止状态。延迟时间由 R1、C1 的时间常数决定。当 C1 上的电压到达触发电平时，VT1 导通 VT2 截止，CD4013B ①脚变为低电平，输出一个宽脉冲。

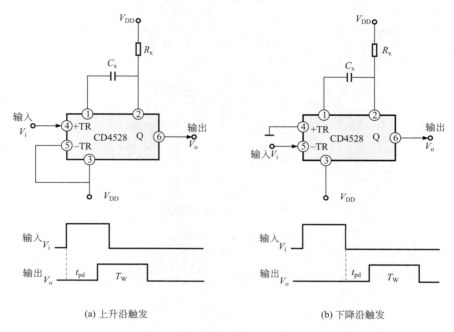

(a) 上升沿触发　　　　　　　　(b) 下降沿触发

图 7-37　单脉冲展宽电路

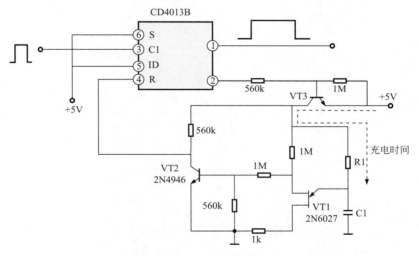

图 7-38　长时间脉冲延迟电路

（4）延时熄灯电路

图 7-39 为一种延时熄灯电路。该电路中，接通按钮开关 S 瞬间，由于 CD4541 的 Q/$\overline{Q}$SEL 端接高电平，使 IC1 ⑧脚输出高电平，VT1 晶体管饱和导通，继电器 KS 吸合，照

明供电电路处于自保持状态。经延时 5min 后，CD4541 ⑧脚输出变为低电平，继电器 KS 释放，照明灯断电熄灭。

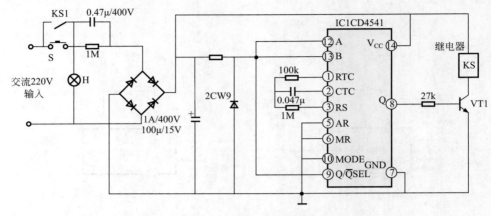

图 7-39　延时熄灯电路

第8章 ▶▶▶
电子电路识读案例

8.1 液晶电视机实用电路识读

8.1.1 液晶电视机调谐器电路的识读

　　液晶电视机的调谐器电路是用来完成电视信号或有线电视信号接收的电路。图8-1为典型液晶电视机的调谐器电路。

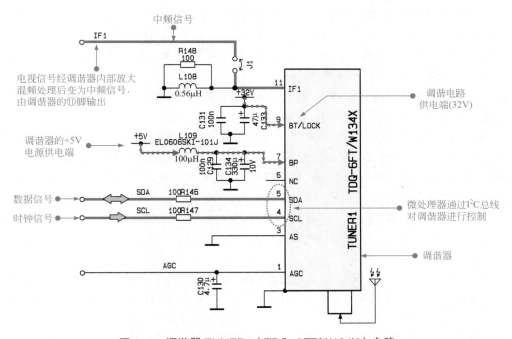

图8-1　调谐器 TUNER1（TDQ-6FT/W134X）电路

对于液晶电视机调谐器电路的识读应从该电路的功能特点入手，结合调谐器各功能引脚，沿信号流程完成对电路的识读。

【提示】▶▶▶

调谐器 TUNER1 的①脚为 AGC 引脚端，该信号端为自动增益控制引脚。主要是用于接收由中频通道送来的自动增益控制电压。当接收电视节目时，中频通道设有 AGC 检测电路，它通过对视频信号的检测形成中频 AGC 电压和高频 AGC 电压。中频 AGC 电压去控制中放的增益，高频 AGC 送到调谐器中去控制高频放大器的增益，使放大器输出的信号稳定。

沿信号流程可知，天线信号通过调谐器的接口送入调谐器并经内部处理后，由⑪脚输出中频信号，送往后级电路中；调谐器的⑦脚为 +5V 的供电端，为调谐器提供工作条件；④脚、⑤脚为 I²C 总线控制端，该调谐器通过总线受微处理器控制。调谐器的⑨脚为内部调谐电路的供电端（32V）。

8.1.2　液晶电视机中频信号处理电路的识读

液晶电视机将天线接收的信号送到调谐器电路中，经内部处理后，输出中频信号（IF 信号）并送到预中放进行放大后，分别由声表面波滤波器将图像和伴音中频分离出来，再送到中频信号处理电路。在中频信号处理电路中，经中频信号处理集成电路处理后，输出音频信号和视频图像信号，再送往后级音频信号处理电路和数字信号处理电路。

图 8-2 为典型液晶电视机的中频信号处理电路。

可以看到，该部分电路较为复杂。在对该电路进行识读时，首先应找到该电路中的核心部件。在当前中频信号处理电路中，可以找到两个主要的集成电路。分别是中频信号处理集成电路 N101（M52760SP）和音 / 视频切换集成电路 N701（TC4052BP）。

首先，需要对电路中的核心集成电路芯片有所了解。图 8-3 为中频信号处理集成电路 N101（M52760SP）的实物外形和引脚排列。

图 8-4 为中频信号处理集成电路 N101（M52760SP）的内部结构。

因此，对图 8-2 电路的识读如下。

中频信号处理集成电路的⑭脚和音 / 视频切换集成电路的⑯脚接 +5V 供电电压。IF 中频信号经图像声表面波滤波器 Z103 滤波后，由④脚和⑤脚输出图像中频信号并送往中频信号处理集成电路 N101 的④脚和⑤脚，经 N101 内部的图像中放、视频检波以及均衡放大等电路处理后，由⑱脚输出全电视信号（TV-VIDEO）。

全电视信号（TV-VIDEO）经陷波电路，将全电视信号中的第二伴音中频信号去除后，提取出视频图像信号送入音 / 视频切换集成电路 N701 中进行切换，并由③脚输出视频图像信号送往后级电路中。

同时，IF 中频信号经伴音声表面波滤波器 Z102 滤波后，由⑤脚输出伴音中频信号送往中频信号处理集成电路 N101 的⑦脚。在 N101 中经伴音中放、伴音中频解调处理后，由⑬脚输出音频信号，该信号经放大电路（V112 和 V113）后，送入带通滤波电路中提取音频信号，送往音 / 视频切换集成电路 N701 中进行切换，选择后由音 / 视频切换集成电路的⑬脚输出第二伴音中频信号。

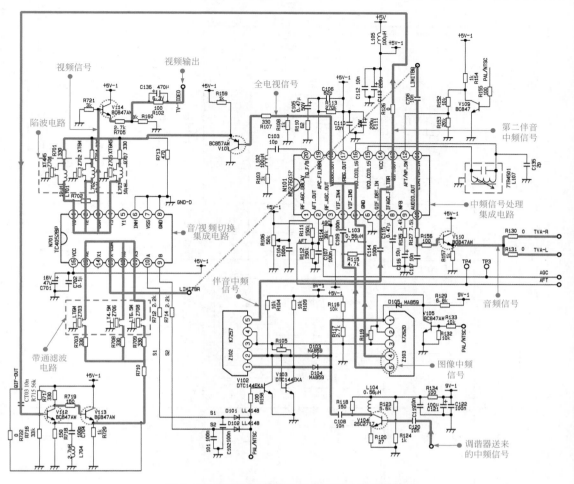

图 8-2　典型液晶电视机的中频信号处理电路

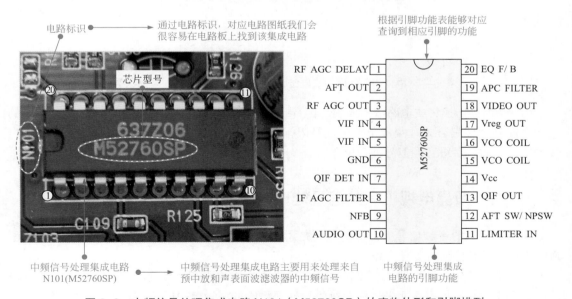

图 8-3　中频信号处理集成电路 N101（M52760SP）的实物外形和引脚排列

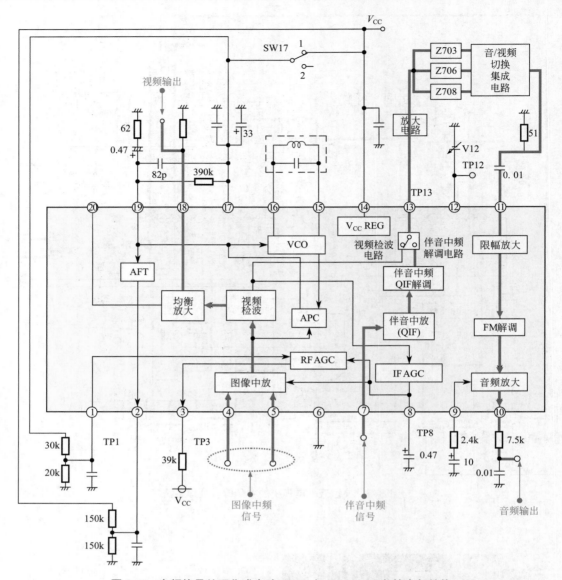

图 8-4　中频信号处理集成电路 N101（M52760SP）的内部结构

由音 / 视频切换集成电路输出的第二伴音中频信号，再经中频信号处理集成电路 N101 的⑪脚送回到中频信号处理集成电路中，经限幅放大、FM 解调以及音频放大后，由⑩脚输出音频信号，送往后级音频信号处理电路中。

8.1.3　液晶电视机音频信号处理电路的识读

液晶电视机的音频信号处理电路主要是用来处理和放大音频信号的电路。图 8-5 为典型液晶电视机的音频信号处理电路。

通过电路可知，该电路主要是由音频信号处理集成电路和音频功率放大器构成。通过电路中的标识信息，该电路所采用的音频信号处理集成电路为 N301（R2S15900SP）。音频功率放大器为 N401（TPA3002D2）。

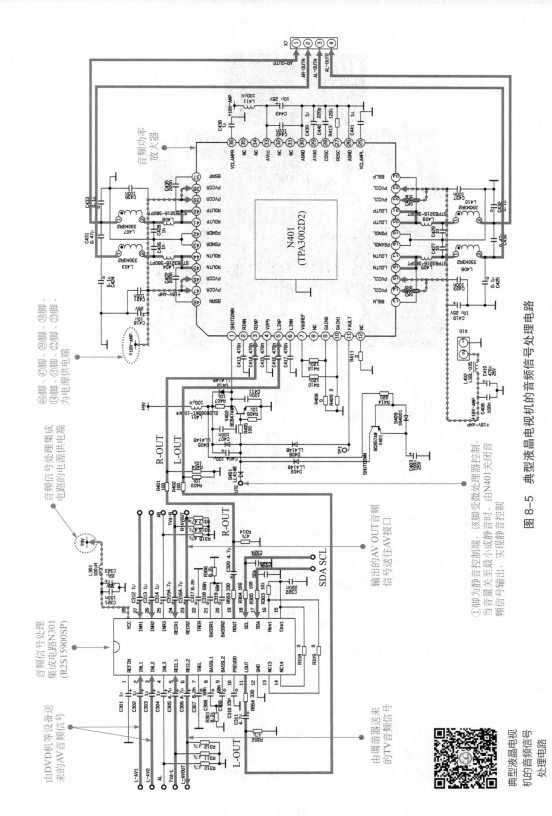

图 8-5　典型液晶电视机的音频信号处理电路

典型液晶电视
机的音频信号
处理电路

图 8-6 为音频信号处理芯片 N301（R2S15900SP）的实物外形和引脚功能。

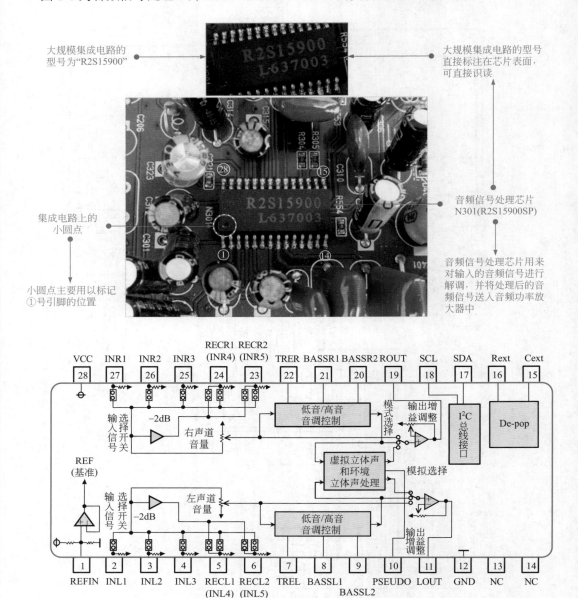

图 8-6　音频信号处理芯片 N301（R2S15900SP）的实物外形和引脚功能

【提示】▶▶▶

　　音频信号处理芯片 N301（R2S15900SP）用来对输入的音频信号进行处理解调，对伴音解调后的音频信号和外部设备输入的音频进行切换、数字处理和 D/A 转换等处理。该集成电路拥有全面的电视音频信号处理功能，能够进行音调、平衡、音质以及声道切换的控制，并将处理后的音频信号送入音频功率放大器中。

　　图 8-7 为音频功率放大器 N401（TPA3002D2）的实物外形和引脚功能。

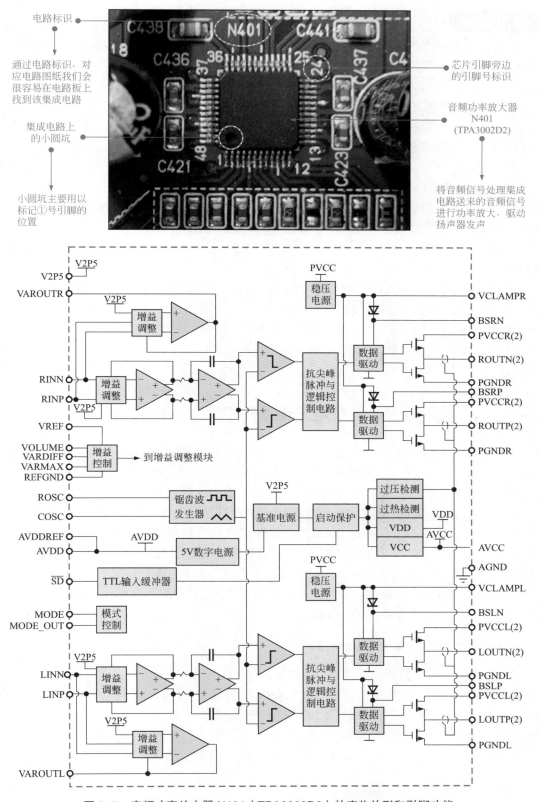

图 8-7 音频功率放大器 N401（TPA3002D2）的实物外形和引脚功能

音频功率放大器的作用主要是将音频信号处理电路处理后的音频信号进行功率放大，从而驱动扬声器发声。

对图 8-5 电路识读时，可沿信号流程进行。

可以看到，由电视信号接收电路中的调谐器为液晶电视机送入信号时，则由调谐器输出的 TVA-L、TVA-R 音频信号送入 N301 的⑤和㉔脚中。

若由 DVD 机等设备为液晶电视机送入信号时，则由 AV 接口送来的 L-AV1、L-AV2 音频信号送至 N301 的②脚、③脚、㉖脚、㉗脚。

来自微处理器的控制信号送入 N301 的 I²C 总线控制端⑰脚、⑱脚，N301 在微处理器的控制下对音频信号进行切换、音量调整以及声道变换等处理。

若液晶电视机连接有音响等设备，则音频信号经 N301 处理后，由⑥脚和㉓脚分别输出 L-AVOUT、R-AVOUT 音频信号送往 AV 接口。

音频信号经 N301 处理后，由⑪脚和⑲脚分别输出 L-OUT、R-OUT 主音频信号送往后级音频功率放大器 N401 的③脚、⑤脚。

音频功率放大器对输入的音频信号进行功率放大处理后由⑯脚、⑰脚、⑳脚、㉑脚、㊵脚、㊶脚、㊹脚、㊺脚输出，放大后的音频信号经电感器、电容器等滤波后，送往插件 X7中驱动左、右扬声器发声。

8.1.4 液晶电视机开关电源电路的识读

液晶电视机的开关电源电路是将市电交流 220V 电压经整流、滤波、降压和稳压后输出一路或多路低压直流电压，为液晶电视机的其他功能电路提供所需的工作电压。

图 8-8 为典型液晶电视机开关电源电路部分。由图可知，该电路主要由熔断器 FU501，互感滤波器 L501、L502，桥式整流堆 D502，主开关变压器 T502、T503，副开关变压器 T501，主开关振荡集成电路 N501，副开关振荡集成电路 N502，开关晶体管 V501、V504、误差检测放大器 N506，光电耦合器 N503、N504、N505 等部分构成。

由于该电路结构比较复杂，在进行识读时可将开关电源电路划分成 3 个单元电路部分，即交流输入及整流滤波电路、副开关电源电路、主开关电源电路。然后从交流输入及整流滤波电路部分开始，顺信号流程逐级分析。

（1）交流输入及整流滤波电路部分

图 8-9 为交流输入及整流滤波电路的信号流程分析。

由图可知，交流 220V 电压经输入插件 X501 送入液晶电视机的开关电源电路中，经熔断器 FU501 后，由互感滤波器 L501、L502 清除干扰脉冲，滤波电容 C505、C512、C513 滤波后，再经过桥式整流堆 D502 和滤波电容 C529 整流滤波后，输出 +300V 直流电压。

直流 300 V 电压分为两路，分别送往主开关电源电路和副开关电源电路中。

（2）副开关电源电路部分流程分析

图 8-10 为副开关电源电路的信号流程分析。

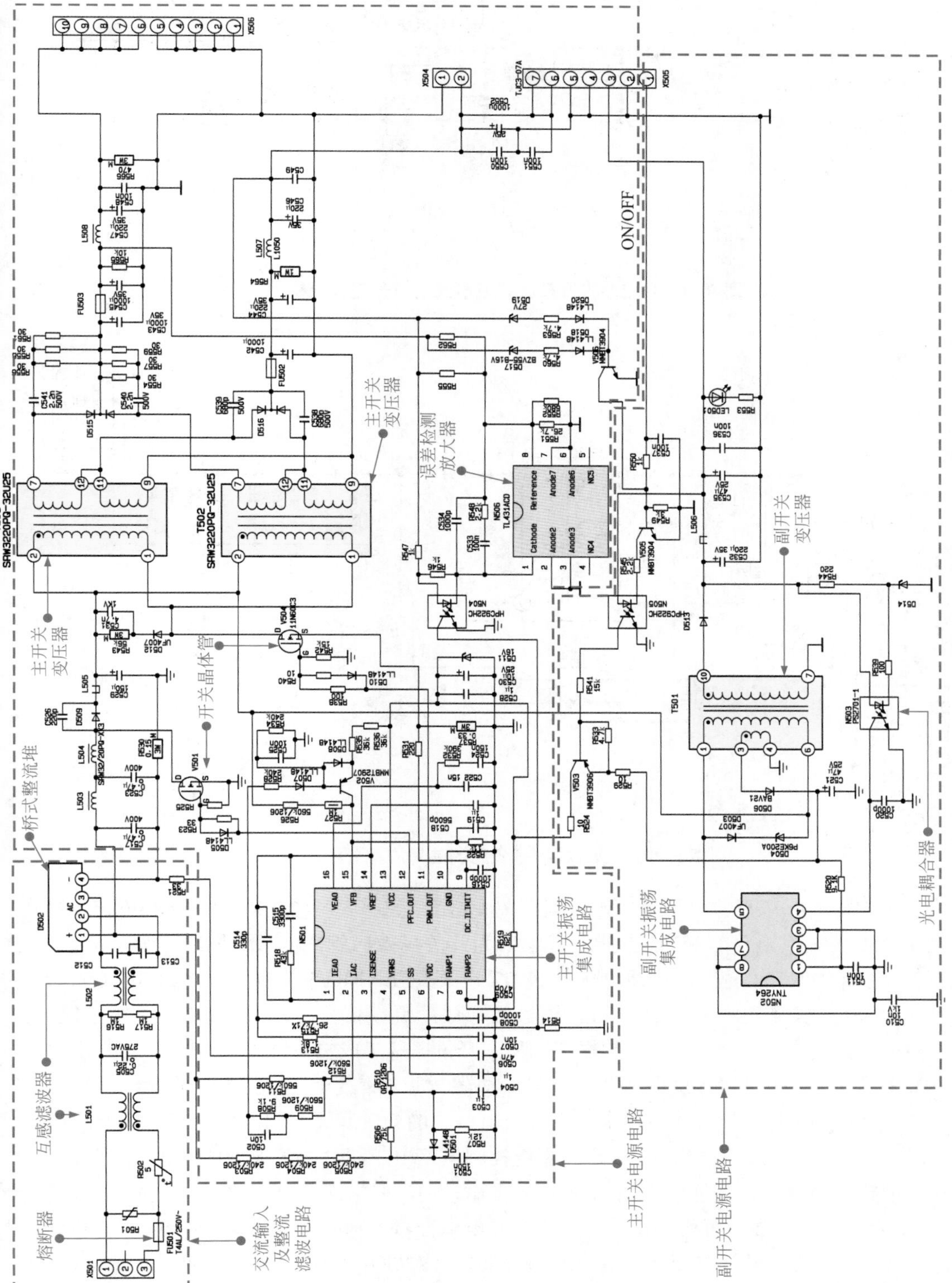

图 8-8 典型液晶电视机开关电源电路部分

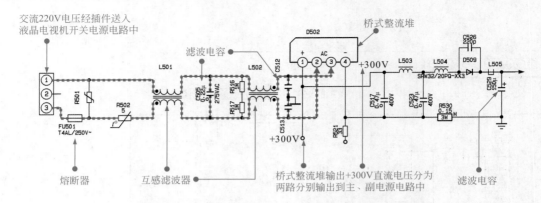

图 8-9 交流输入及整流滤波电路的信号流程分析

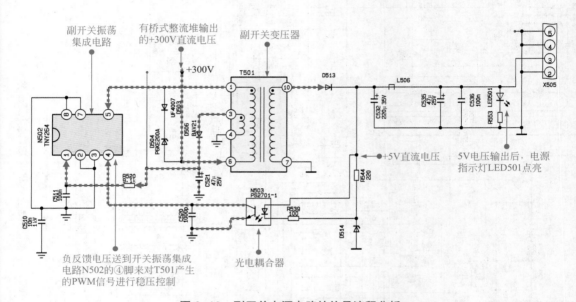

图 8-10 副开关电源电路的信号流程分析

由图可知，+300V 直流电压直接送入副开关变压器 T501 中，经 T501 初级绕组⑥～①脚加到副开关振荡集成电路 N502 的⑤脚，⑤脚内为开关场效应管的漏极（同时作为启动信号输入端），①脚为 N502 提供正反馈电压使 N502 起振，启动时 T501 的次级绕组③～④脚感应出开关脉冲电压，经 D506 整流、C521 滤波后形成正反馈信号叠加到 N502 的①脚，保持①脚有足够的直流电压维持 N502 中的振荡，使副开关振荡集成电路进入稳定的振荡状态。

副开关振荡集成电路 N502 开始工作，其⑤脚输出振荡信号，送到 T501 的初级绕组中，并由 T501 次级绕组输出开关脉冲电压，经次级电路中的 D513、C532、C535 等整流滤波后，输出 5V 直流电压，经连接插件 X505 送到系统控制电路中，同时电源指示灯 LED501 点亮。

误差取样电路接在次级输出电路的 +5V 电压输出端，取样点的电压波动会使光电耦合器 N503 中发光二极管的强度有所变化，该变化经光电耦合器内部光敏晶体管反馈到开关振荡集成电路 N502 的④脚，经开关振荡集成电路内部处理后对副开关变压器 T501 产生的 PWM 信号进行稳压控制。

图 8-11 所示为开关振荡集成电路 N502（TNY264）的内部结构，由图可知 N502 内部集成了开关场效应晶体管、自动重启计数器、限流控制、过热保护等电路，在分析开关振荡集成电路部分时，应先对开关振荡集成电路的内部结构以及引脚功能有所了解，才能够对整个开关振荡集成电路的工作过程进行准确分析。

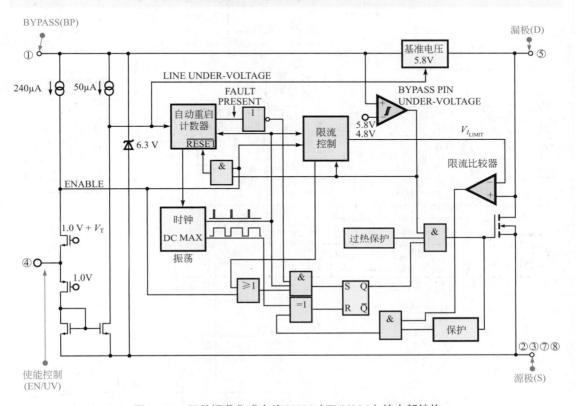

图 8-11　开关振荡集成电路 N502（TNY264）的内部结构

（3）主开关电源电路部分流程分析

主开关电源电路与副开关电源电路相比较复杂，下面将主开关电源电路分为开关振荡电路、次级输出电路、误差检测电路三部分进行讲解。

① 开关振荡电路　图 8-12 为主开关电源电路中开关振荡电路的流程分析。

● N501 工作条件的信号流程：

桥式整流堆 D502 输出的 300V 直流电压经电阻 R503 ～ R505、R511、R512 后送到主开关振荡集成电路的②脚和④脚，为该电路提供启动电压。

微处理器送来的 POWER ON/OFF 信号经插件 X505 送到晶体管 V505 的基极，晶体管导通后光电耦合器内部的发光二极管点亮，使内部光敏晶体管导通。

光电耦合器内光敏晶体管导通后，使晶体管 V503 基极接地得到偏置，晶体管 V503 导通，该元器件导通后，由副开关变压器 T501 的③～④脚感应出的开关脉冲电压经 V503 由其集电极送到主开关振荡集成电路 N501 的⑬脚，为 N501 提供供电电压。

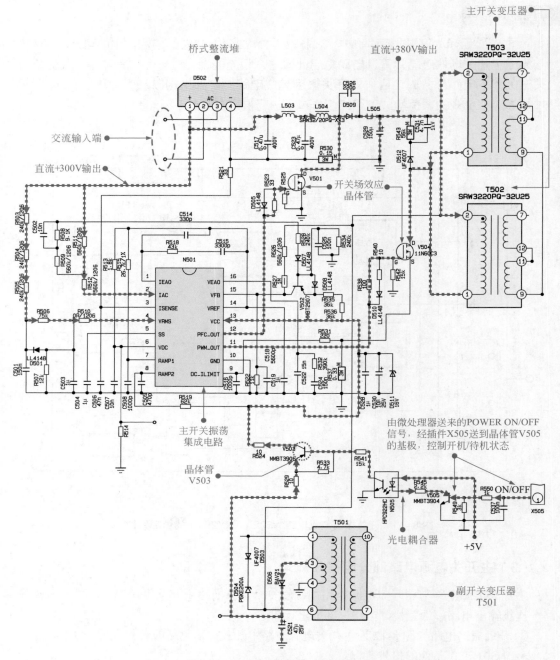

图 8-12　开关振荡电路的流程分析

- N501 工作后的信号流程：

主开关振荡集成电路 N501 工作后，由⑫脚输出功率因数校正信号送到开关场效应晶体管 V501 的栅极。

开关场效应晶体管 V501 与电感 L504 形成 PFC 电路，将直流 300 V 电压变为 380 V 直流电压，该电压经 D509 整流、C529 滤波后形成 380 V 电压，由 T502、T503 初级绕组的②～①脚送到 V504 的漏极。N501 的⑪脚输出开关脉冲信号送到开关场效应晶体管 V504 的栅极，开关场效应晶体管 V504 开始工作，为 T502、T503 提供开关振荡脉冲信号。

【提示】▶▶▶

在分析开关振荡电路部分时，应先对开关振荡集成电路的内部结构以及引脚功能有所了解，才能够对整个开关振荡电路的工作过程进行准确地分析，图 8-13 所示为开关振荡集成电路 N501（ML4800CS）的内部结构及引脚功能。

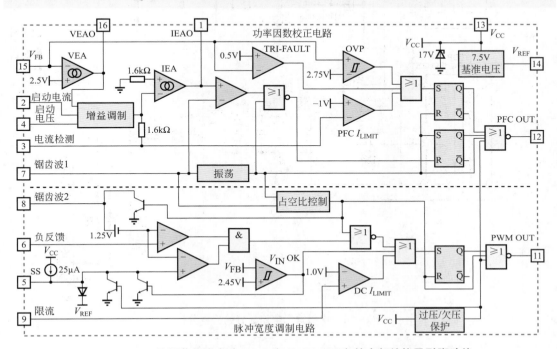

图 8-13　开关振荡集成电路 N501（ML4800CS）的内部结构及引脚功能

② 次级输出电路　图 8-14 所示为主开关电源电路中次级输出电路部分的流程分析。

主开关电源电路起振后，经主开关变压器 T502、T503 各次级绕组分别输出开关脉冲信号，分别经双二极管 D515、D516 整流和滤波电容 C538～C541 滤波后，输出 +24V、+12V 直流电压。

+24V、+12V 直流电压分别经插件 X504～X506 送到液晶电视机其他单元电路中，为其他电路提供工作电压。

③ 误差检测电路　图 8-15 所示为主开关电源电路中误差检测电路部分的流程分析。

误差检测电路的信号流程如下。

误差检测电路设在 +24V 输出电路中，+24V 电压经电阻器 R562、R551 形成分压电路，在 R551 上作为取样点，取样点电压加到误差检测放大器 N506 的⑧脚，为其提供误差取样电压。

误差检测放大器 N506 中①脚的输出控制着光电耦合器 N504 中的发光二极管，+24 V 电压的波动会使光电耦合器 N504 中的发光二极管强度有所变化，该变化经内部光敏晶体管反馈到主开关振荡集成电路 N501 的⑥脚，形成负反馈环路，从而对 N501 产生的 PWM 信号进行稳压控制。

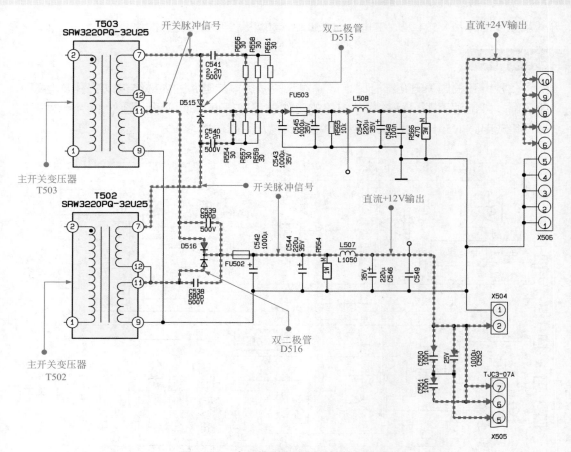

图 8-14　次级输出电路部分的流程分析

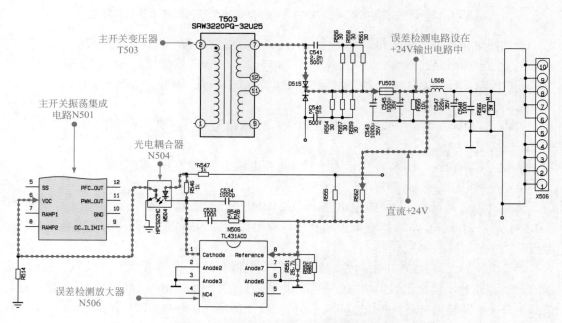

图 8-15　误差检测电路部分的流程分析

电子电路识图从入门到精通

典型液晶电视机的逆变器电路

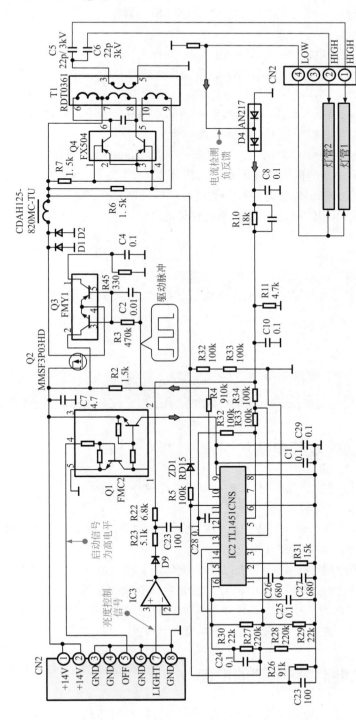

图 8-16　典型液晶电视机的逆变器电路

8.1.5 液晶电视机逆变器电路的识读

逆变器电路是为液晶显示屏的背光灯管提供交流高压的电路，使背光灯点亮，并作为液晶屏的背光源，从而显示出图像。在对该电路进行识别时，可根据信号流程，逐一识别信号在整个电路中所经过的主要元器件，通过信号经过相关器件所产生的变化，来对该电路的整体工作状态有所了解。

图 8-16 为典型液晶电视机的逆变器电路。

该逆变器电路的主要功能是将 +12V 低压变成交流高压。它是由开关振荡电路、开关晶体管、驱动电路，以及高压变压器等部分构成的，它可以为两个背光灯管供电。

当点亮显示屏时，CN2 的第⑤脚接收到控制电路的开启指令，此高电平加到 Q1 的④脚，该脚接收的高电平最终使其②脚与③脚间的晶体管导通。

电源适配器供给的 +14V 电压通过 Q1 的②～③脚加到 PWM 控制芯片 IC2（TL1451CNS）的⑨脚。C1、C29 是 IC2 的供电滤波电容，当其上电压超过 3.6V 时，TL1451CNS 内部三角波发生器开始振荡，从⑩脚输出脉宽受控的驱动脉冲，控制 Q3、Q2，即提供给 Q4 可变的工作电压。Q4 及 T1 组成的变压器耦合自激振荡电路通电工作，产生点亮 CCFL 所需的高频电压。

【提示】▶▶▶

如果液晶屏需要多个背光灯管，则需设置多个同样的逆变器电路，15in（1in=2.54cm）液晶屏需要 4 个灯管，20in 液晶板需要 6 个灯管，大屏幕（40 ～ 46in）则需要 12 ～ 14 个灯管。

8.2 空调器实用电路识读

8.2.1 空调器变频电路的识读

空调器变频电路的主要功能是为变频压缩机提供驱动信号，用来调节变频压缩机的转速，实现空调器制冷剂的循环，完成热交换的功能。

图 8-17 为典型变频空调器的变频电路。通过电路可知，该变频电路主要是由光电耦合器、变频模块、变频压缩机等部分构成。

室外机电源电路为变频电路中智能功率模块和光电耦合器提供直流工作电压；室外机控制电路中的微处理器输出 PWM 驱动信号，经光电耦合器 IC01S ～ IC06S 转换为电信号后，分别送入智能功率模块对应引脚中，经智能功率模块内部电路的逻辑处理和变换后，输出变频驱动信号加到变频压缩机三相绕组端，驱动变频压缩机工作。

8.2.2 空调器控制电路的识读

空调器的控制电路分为室内机控制电路和室外机控制电路两部分。两个电路之间由电源线和信号线连接，完成供电和相互交换信息（室内机、室外机的通信），控制室内机和室外机各部件协调工作。

由室外机控制电路中微处理器送来的PWM驱动信号，首先送入光电耦合器IC01S～IC07S中

3

典型变频空调器的变频电路

IC01S IC02S IC03S IC04S IC05S IC06S IC07S

CN-IPM

光电耦合器

R01S 560 R02S 560 R03S 560 R04S 560 R05S 560 R06S 560

CN-GATE2

直流供电电压

经光电转换后变为电信号送往微处理器中，再由微处理器对室外机电路实施保护控制

直流供电电压

6 当智能功率模块内部的电流值过高时，由其⑮脚输出过流检测信号送入光电耦合器IC07S1中

C01S 10μF C02S 10μF C03S 10μF

C04S 33μF

CN-GATE1

2 由室外机电源电路送来的+5V供电电压，分别为光电耦合器IC01S～IC07S进行供电

Vup1 Up Vupc Vp1 Vp Vvpc Vwp1 Wp Vwpc   Un   Vn Vn1 Wn Vnc F0

Vcc In GND Vcc In GND Vcc In GND Vcc In F0 GND Vcc In F0 GND Vcc In F0 GND

Out SI GND Out SI GND Out SI GND Out SI GND Out SI GND Out SI GND

4 PWM驱动信号经光电耦合器光电变换后，变为电信号分别送入相应的智能功率模块上，驱动智能功率模块工作

IPM

P U V W N

智能功率模块

5 智能功率模块工作后由U、V、W端输出变频驱动信号，分别加到变频压缩机的三相绕组端

变频压缩机电动机

COMP

474/450V

+300V

1 室外机电源电路送来的直流300V电压经插件为智能功率模块内部的IGBT提供工作电压

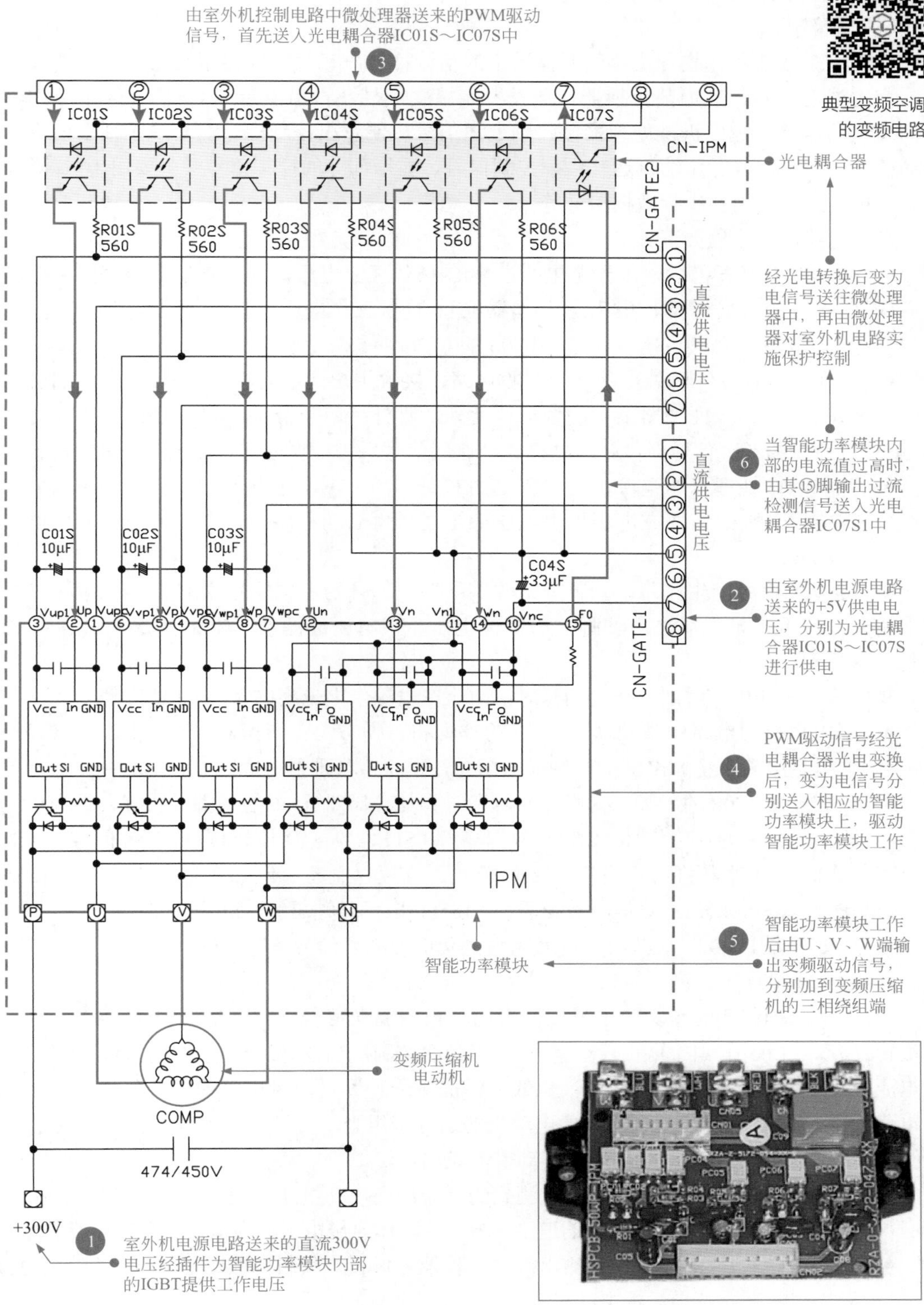

图8-17 典型变频空调器的变频电路

（1）空调器室内机控制电路

图 8-18 为典型空调器室内机控制电路。该电路采用微处理器 IC08（TMP87CH46N）作为核心控制部件。

室内机微处理器接收各路传感元件送来的检测信号，包括遥控器指定运转状态的控制信号、室内温度信号、室内热交换器（蒸发器）温度信号（管温信号）、室内机风扇电动机转速的反馈信号等。室内机微处理器接收到上述信号后便发出控制指令，其中包括室内机风扇电动机转速控制信号、压缩机运转频率控制信号、显示部分的控制信号（主要用于故障诊断）和室外机传送信息用的串行数据信号等。

具体电路信号流程如下。

- 变频空调器开机后，由电源电路送来的 +5V 直流电压，为变频空调器室内机控制电路部分的微处理器 IC08 以及存储器 IC06 提供工作电压，其中微处理器 IC08 的㉒脚和㊷脚为 +5V 供电端，存储器 IC06 的⑧脚为 +5V 供电端。
- 接在微处理器㉛脚外部的遥控接收电路，接收用户通过遥控发射器发来的控制信号。该信号作为微处理器工作的依据。此外㊶脚外接应急开关，也可以直接接收用户强行启动的开关信号。微处理器接收到这些信号后，根据内部程序输出各种控制指令。
- 开机时微处理器的电源供电电压是由 0 上升到 +5V，这个过程中启动程序有可能出现错误，因此需要在电源供电电压稳定之后再启动程序，这个任务是由复位电路来实现的。

IC1 是复位信号产生电路，②脚为电源供电端，①脚为复位信号输出端，当电源 +5V 加到②脚时，经 IC1 延迟后，由①脚输出复位电压，该电压经滤波（C20、C26）后加到 CPU 的复位端⑱脚。

复位信号比开机，时间有一定的延时，防止在电源供电未稳的状态 CPU 启动。

- 室内机控制电路中微处理器 IC08 的⑲脚和⑳脚与陶瓷谐振器 XT01 相连，该陶瓷谐振器是用来产生 8MHz 的时钟晶振信号，作为微处理器 IC08 的工作条件之一。
- 微处理器 IC08 的①脚、③脚、④脚和⑤脚与存储器 IC06 的①脚、②脚、③脚和④脚相连，分别为片选信号（CS）、数据输入（SI）、数据输出（SO）和时钟信号（CLK）。

在工作时微处理器将用户设定的工作模式、温度、制冷、制热等数据信息存入存储器中。信息的存入和取出是经过串行数据总线 SDA 和串行时钟总线 SCL 进行的。

- 微处理器 IC08 的⑥脚输出贯流风扇电动机的驱动信号，⑦脚输入反馈信号（贯流风扇电动机速度检测信号）。

当微处理器 IC08 的⑥脚输出贯流风扇电动机的驱动信号，固态继电器 TLP3616 内发光二极管发光，TLP3616 中的晶闸管受发光二极管的控制，当发光二极管发光时，晶闸管导通，有电流流过，交流输入电路的 L 端（火线）经晶闸管加到贯流风扇电动机的公共端，交流输入电路的 N 端（零线）加到贯流风扇电动机的运行绕组上，再经启动电容 C 加到电机的启动绕组上，此时贯流风扇电动机启动，带动贯流风扇运转。

同时贯流风扇电动机霍尔元件将检测到的贯流风扇电动机速度信号由微处理器 IC08 的⑦脚送入，微处理器 IC08 根据接收到的速度信号，对贯流风扇电动机的运转速度进行调节控制。

- 微处理器 IC08 的㉝～㊲脚输出蜂鸣器以及导风板电动机的驱动信号，经反相器 IC09 后控制蜂鸣器及导风板电动机工作。

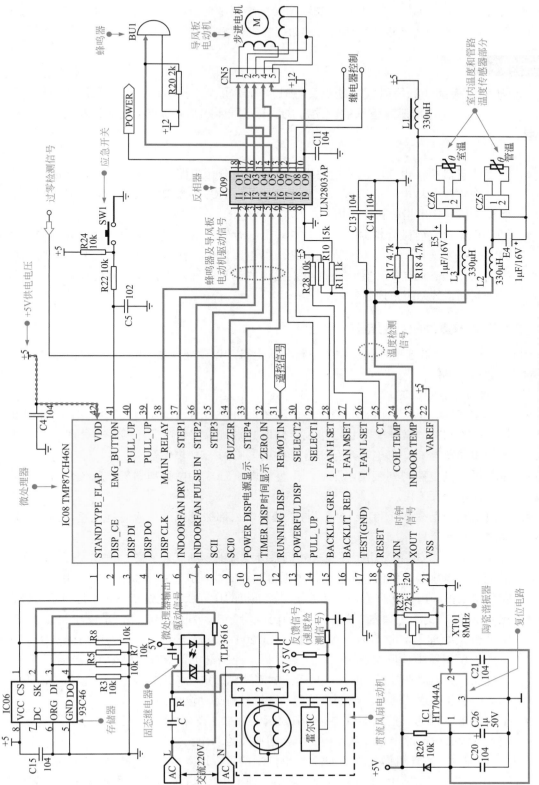

图 8-18　典型空调器室内机控制电路

直流 +12V 接到导风板电动机两组线圈的中心抽头上。微处理器经反相放大器控制线圈的 4 个引脚，当某一引脚为低电平时，该脚所接的绕组中便会有电流流过。如果按一定的规律控制绕组的电流就可以实现所希望的旋转角度和旋转方向。

【提示】▶▶▶

驱动导风板摆动的导风板电动机又称叶片电动机，这种电动机一般采用步进电动机，步进电动机是采用脉冲信号的驱动方式，一定周期的驱动脉冲会使电动机旋转一个角度。

- 温度传感器接在电路中，使之与固定电阻构成分压电路，将温度的变化变成直流电压的变化，并将电压值送入微处理器（CPU）的㉓、㉔脚，微处理器根据接收的温度检测信号输出相应的控制指令。
- ⑪、⑫脚为室内微处理器与室外微处理器进行通信的接口，室内机的微处理器可以向室外机发送控制信号。室外机微处理器也可以向室内机回传控制信号，即将室外机的工作状态回传，以便由室内机根据这些信息进行协调控制，同时还可根据异常信号判别系统是否出现异常。

（2）空调器室外机控制电路

图 8-19 为典型空调器室外机的控制电路。该电路是以微处理器 U02（TMP88PS49N）为核心的自动控制电路。

具体电路信号流程如下。

- 变频空调器开机后，由室外机电源电路送来的 +5V 直流电压，为变频空调器室外机控制电路部分的微处理器 U02 以及存储器 U05 提供工作电压，其中微处理器 U02 的㊿脚和㊽脚为 +5V 供电端，存储器 U05 的⑧脚为 +5V 供电端。
- 室外机控制电路得到工作电压后，由复位电路 U03 为微处理器提供复位信号，微处理器开始运行工作。
- 同时，陶瓷谐振器 RS01（16M）与微处理器内部振荡电路构成时钟电路，为微处理器提供时钟信号。
- 存储器 U05（93C46）用于存储室外机系统运行的一些状态参数，例如，变频压缩机的运行曲线数据、变频电路的工作数据等。存储器在其②脚（SCK）的作用下，通过④脚将数据输出，③脚输入运行数据，室外机的运行状态通过状态指示灯显示出来。
- 图 8-20 为该变频空调器室外风扇（轴流风扇）电动机驱动电路。从图中可以看出，室外机微处理器 U02 向反相器 U01（ULN2003A）输送驱动信号，该信号从①、⑥脚送入反相器中。反相器接收驱动信号后，控制继电器 RY02 和 RY04 导通或截止。通过控制继电器的导通 / 截止，从而控制室外风扇电动机的转动速度，使风扇实现低速、中速和高速的转换。电动机的启动绕组接有启动电容。
- 空调器电磁四通阀的线圈供电是由微处理器控制的，微处理器的控制信号经过反相放大器后去驱动继电器，从而控制电磁四通阀的动作。

在制热状态时，室外机微处理器 U02 输出控制信号，送入反相器 U01（ULN2003A）的②脚，经反相器放大的控制信号，由其⑮脚输出，使继电器 RY03 工作，继电器的触点闭合，

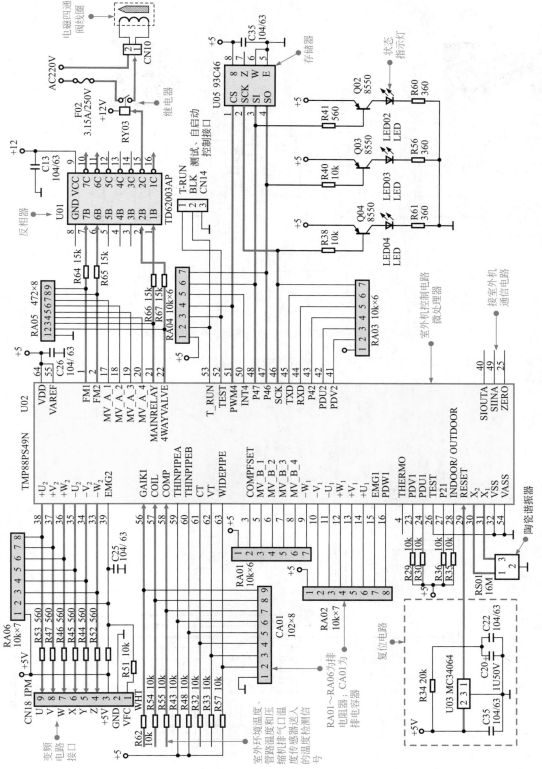

图8-19 海信 KFR-35GW/06ABP 型变频空调器室外机的控制电路原理图

交流 220V 电压经该触点为电磁四通阀供电，来对内部电磁导向阀阀芯的位置进行控制，进而改变制冷剂的流向。

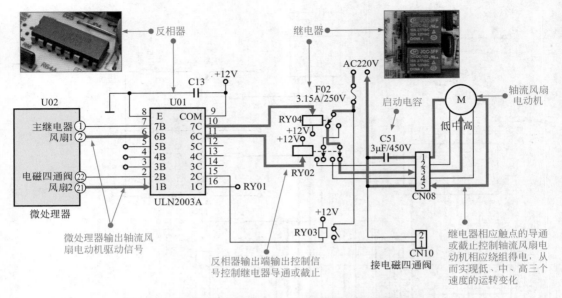

图 8-20 变频空调器室外风扇（轴流风扇）电动机驱动电路

- 室外机组中设有一些温度传感器为室外微处理器提供工作状态。图 8-21 为传感器接口电路部分。

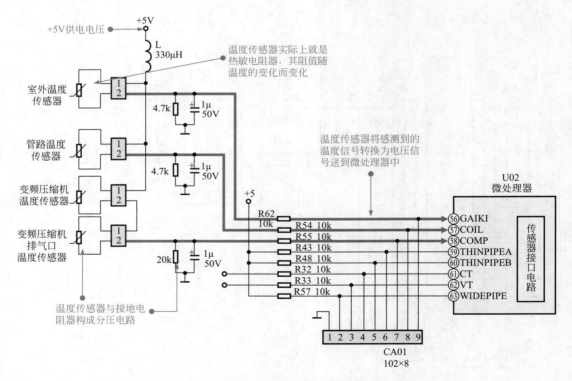

图 8-21 变频空调器的传感器接口电路

设置在室外机检测部位的温度传感器通过引线和插头接到室外机控制电路板上。经接口插件分别与直流电压 +5V 和接地电阻相连，然后加到微处理器的传感器接口引脚端。温度变化时，温度传感器的阻值会发生变化。温度传感器与接地电阻构成分压电路，分压点的电压值会发生变化，该电压送到微处理器中，在内部传感器接口电路中经 A/D 变换器将模拟电压量变成数字信号，提供给微处理器进行比较判别，以确定对其他部件的控制。

- 室外机主控电路工作后，接收由室内机传输的制冷／制热控制信号后，便对变频电路进行驱动控制，经由变频电路接口 CN18 将驱动信号送入变频电路中。
- 微处理器 U02 的㊵脚、㊾脚、㉕脚为通信电路接口端。其中，由㊾脚接收由通信电路（空调器室内机与室外机进行数据传输的关联电路）传输的控制信号，并由其㊵脚将室外机的运行和工作状态数据经通信电路送回室内机控制电路中。

8.2.3　空调器通信电路的识读

空调器室内机与室外机之间的控制主要是通过通信电路实现的。空调器的室内机和室外机都设有微处理器控制电路，两个微处理器的协调动作共同完成对空调器的控制，室内机微处理器作为主控微处理器，它的主要任务是接收人工指令，主要是接收遥控器的工作指令，室内机微处理器根据人工指令进行工作，并将工作指令传送到室外机的微处理器，由室外机对变频压缩机、室外风机、四通阀等进行控制。同时室外机要将工作状态回报给室内机微处理器，以便使室内主控微处理器掌握室外机的运行情况，并通过显示屏进行显示。

两个微处理器之间互相传输信息的电路被称之为通信电路。室内机和室外机的微处理器分别设有信号发送端和信号接收端，并分别用 RXD（接收）和 TXD（发送）字符表示。信息的传输通道是借助交流电源的线路，而两个位处理器都是由直流 +5V 供电的，为此在空调器中采用光电耦合器使微处理器电路与交流电源电路进行隔离，不接触。其典型电路结构如图 8-22 所示。

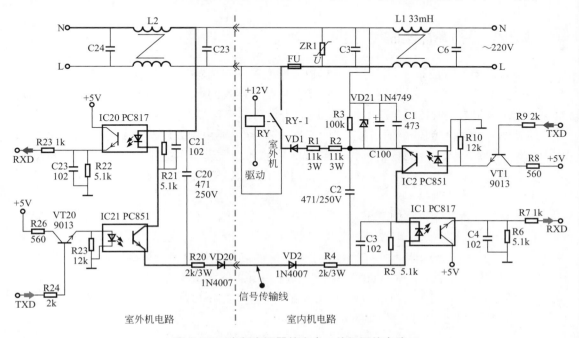

图 8-22　变频空调器的室内、外机通信电路

该电路的基本工作过程如下。

室内机微处理器的信号发送端（TXD）输出脉冲编码信号，经 R9、三极管 VT1 放大后去驱动光电耦合器 IC2（PC851）中的发光二极管，IC2 中的光敏晶体管会输出脉冲串信号到信号传输线上。

变频空调器的室内机、室外机之间主要有三条线，其中有两条线分别是交流电源 N 线和 L 线，L 线受继电器的控制，继电器设在室内机主板上，当开机启动后由室内机微处理器驱动继电器（RY），RY-1 触点闭合后，室外机才能接通交流 220V 电源。

通信线路是室内机的相线（L）经继电器触点 RY-1、VD1、R1、R2、IC2 中的光敏三极管，IC1 中的发光二极管，R4、VD2、VD20、R20、IC21 中的光敏三极管，IC20 中的发光二极管到室外机的交流零线（N），在这条线上设有多个二极管，因而电流只能单向流动，其中光敏晶体管或发光二极管有通断现象就会通过这条线路进行传输。

空调器中的通信方式采用异步通信方式，即以室内机微处理器为主控机，室外机微处理器为从机，是主从关系。主机发送信息时，从机为接收方式，从机发送信息时，主机为接收方式。因而主机的发送信息经通信线路传送到室外机 IC20 中的发光二极管，并传送到 IC20 中的光敏晶体管，于是光敏晶体管的发射极会输出脉冲信号并送到室外机微处理器的信息接收端（RXD）。

当室外机向室内机回传信息时，室外机微处理器的发送端（TXD）输出脉冲编码信号，该信号经 R24 和 VT20，再去驱动 IC21 中的发光二极管，IC21 中的光敏晶体管收到信号后，将信号传送到通信线路上，并传到 IC1 光电耦合器的发光二极管，然后经光电耦合器 IC1 的光敏晶体管，再经 R7 送到室内机的收信端（RXD）。

如果室外机内有故障，当室内机发出指令信号后，在一定的时间内收不到室外机的正常信号或者收到室外机的故障信号，则室内机将会输出停机指令，切断交流电源，并显示故障代码。

8.2.4 空调器遥控电路的识读

空调器遥控电路是通过遥控器中的遥控发射电路向空调器发送人工指令，然后由空调器室内机中的遥控接收电路接收送来的人工指令后，将接收的红外光信号转换成电信号，然后再送到空调器室内机的控制电路中执行相应的指令动作。

图 8-23 为典型空调器中的遥控发射电路。该电路主要由微处理器 IC1（TMP47C422F）、4MHz 晶体振荡器 Z2、32kHz 晶体振荡器 Z1、LED 液晶显示屏、室温传感热敏电阻 TH、红外发光二极管 LED1 及 LED2、晶体三极管 VT1 和 VT2、操作矩阵电路等组成。该遥控发射电路由两节 7 号电池供电，电压为 3V。

该电路的基本工作过程如下。

- 该遥控发射电路采用双时钟脉冲振荡电路，其中由晶体 Z2，电容 C8、C9（容量为 20pF）和微处理器的㉚、㉛脚组成 4MHz 的高频主振荡器，振荡器产生的 4MHz 脉冲信号经分频后产生 38kHz 的载频脉冲。由晶体 Z1，电容 C4、C5（容量为 20pF）和微处理器的⑲、⑳脚组成 32kHz（准确值为 32.768kHz）的低频辅助振荡器，其输出信号主要供时钟电路和液晶显示电路使用。
- 在键矩阵扫描电路中，微处理器的 9 个引脚组成矩阵，满足系统的控制要求。微处理器的㉑～㉔脚是扫描脉冲发生器的 4 个输出端，高电平有效；㉕～㉙脚是键控信号编码器的 5 个输入端，低电平有效。4 个输出端和 5 个输入端构成 4×5 键矩阵，可以有 20 个功能键位，实际上只使用了 17 个功能键位。微处理器的⑪、⑫、⑬、⑭脚控制的是短接插子，以适用此系列的不同机型。在遥控器工作时，微处理器的㉑～㉔脚输出时序扫描脉冲，3V 电压经限流电阻为微处理器供电，微处理器的㉞脚接电源负极。

- 在微处理器 IC1 内部有分频器、数据寄存器、定时门、控制器（编码调制器）、键控输入 / 输出电路等。定时门能向键控输出电路输出定时扫描脉冲，在定时脉冲的作用下，键控输出电路能产生数种相位不同的扫描信号。发射器的键矩阵电路与微处理器的内部扫描电路和键控信号编码器构成了键控输入电路。键控输入电路根据按键矩阵不同键位输入的脉冲电平信号，向数据寄存器输出相应码值的地址码。数据寄存器是一个只读存储器（ROM），预先存储了各种规定的操作指令码。

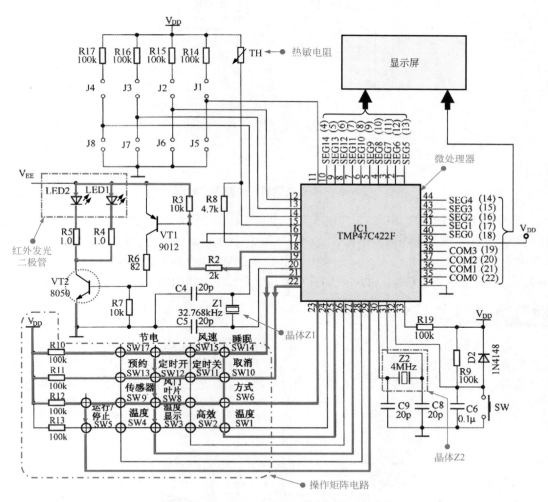

图 8-23　典型空调器中的遥控发射电路

当闭合某个功能键时，相应的两条交叉线被短接，相应的扫描脉冲通过按键开关输入到微处理器的㉕～㉙脚中的一个对应引脚。这样微处理器中只读存储器的相应地址被读出，然后送到内部指令编码器，将其转换成相应的二进制数字编码指令（以便遥控器中的微处理器识别），再送往编码调制器。在编码调制器中，38kHz 载频信号被编码指令调制，形成调制信号，再经缓冲器后从微处理器的⑱脚输出至激励管 VT1 的基极，经放大后推动红外发光二极管 LED1、LED2 发出被 38kHz 调制信号调制的红外线，并通过发射器前端的辐射窗口发射出去。

图 8-24 为典型空调器的遥控接收电路。该电路主要是由遥控接收器、发光二极管等元器件构成的。

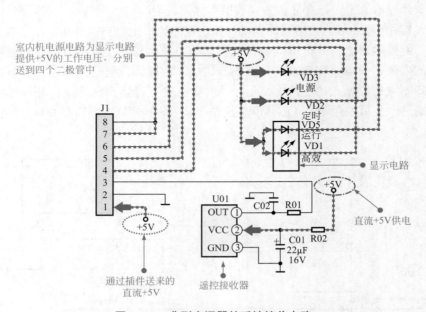

图 8-24　典型空调器的遥控接收电路

遥控接收器的②脚为 5V 的工作电压，①脚输出遥控信号并送往微处理器中，为控制电路输入人工指令信号，使空调器执行人工指令，同时控制电路输出的显示驱动信号，送往发光二极管中，显示空调器的工作状态。其中发光二极管 VD3 是用来显示空调器的电源状态；VD2 是用来显示空调器的定时状态；VD5 和 VD1 分别用来显示空调器的正常运行和高效运行状态。

【提示】▶▶▶

遥控接收器是接收红外光信号的电路模块，当遥控器发出红外光信号后，遥控接收器的光电二极管将接收到的红外脉冲信号（光信号）转变为电信号，再经 AGC 放大（自动增益控制）、滤波和整形后，形成控制信号再传输给微处理器，图 8-25 所示为遥控接收器的内部电路结构。

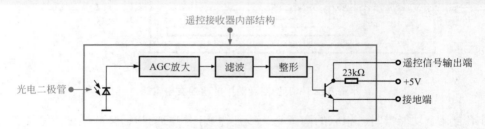

图 8-25　遥控接收器的内部电路结构

8.3 汽车电子电路识读

8.3.1 汽车音响 CD 电路的识读

汽车音响 CD 电路主要用来控制激光头读取 CD 光盘上的信息，并将读取的信息进行处理，还原出声音信号，图 8-26 所示为汽车音响的 CD 电路结构框图。由图可知，CD 电路主要是由激光头组件、RF 信号处理电路 IC1 以及伺服驱动电路 IC2 等部分组成。

【提示】▶▶▶

RF 信号处理电路 IC1（μPD63711GC=-8EU）是处理光盘信息的电路，其中包含 RF 放大器、数字伺服处理器、数字信号处理电路等，由激光头读取的 RF 信号（A、B、C、D）和聚焦误差信号（E、F）首先被送入 IC1 中，经处理后分离出伺服驱动信号和光盘信息，其中伺服驱动信号由⑥②～⑥④脚送往伺服驱动电路中。

光盘信息经放大、数据处理以及 D/A 转换后，还原出声音信号，分左右两路输出，送往音量控制电路 IC401 中。由微处理器送来的控制信号控制 IC1 工作，晶体 X1 与 IC1 组成时钟电路，用来产生 16.9344MHz 的时钟晶振信号。

伺服驱动电路 IC2（BA5810FP）主要用来输出聚焦线圈和循迹线圈以及进给电机、主轴电机、加载电机的控制信号。IC2 的⑤脚、⑥脚、㉓脚和㉖脚接收由 IC1 送来的伺服驱动信号。经放大等处理后，由⑰脚、⑱脚输出循迹线圈驱动信号，⑮脚、⑯脚输出聚焦线圈驱动信号，⑬脚、⑭脚输出进给电机驱动信号，⑪脚、⑫脚输出主轴电机驱动信号，⑨脚、⑩脚输出加载电机驱动信号。

（1）伺服预放和 RF 信号处理电路

图 8-27 为该 CD 电路的伺服预放和 RF 信号处理电路部分。该汽车音响的伺服预放和伺服驱动电路集成到 μPD63711GC=-8EU 中。该电路可直接将激光头组件送来的光盘信息以及聚焦、循迹误差信号进行放大、解码等处理，输出音频和伺服驱动信号。

RF 信号处理电路 IC1（μPD63711GC-8EU）主要用来处理 RF 信号，由激光头读取的 RF 信号（A、B、C、D）送入 IC1 的㉘②脚～㉘④脚，聚焦误差信号（E、F）送入 IC1 的㉘⑥脚、㉘⑧脚中，经处理后分离处伺服驱动信号和光盘信息，其中伺服驱动信号由⑥②脚～⑥⑤脚送往伺服驱动电路中。

光盘信息经放大、数据处理以及 D/A 转换后，还原出声音信号，分别由⑫脚和⑯脚输出，送往音量控制电路 IC401 中。由微处理器送来的控制信号控制 IC1 工作，晶体 X1 与 IC1 组成时钟电路，用来产生 16.9344MHz 的时钟晶振信号。

（2）伺服驱动电路

图 8-28 所示为该汽车音响的伺服驱动电路。该电路主要以 IC2（BA5810FP-E2）为核心，用来输出聚焦线圈、循迹线圈、进给电机、主轴电机、加载电机的驱动信号。

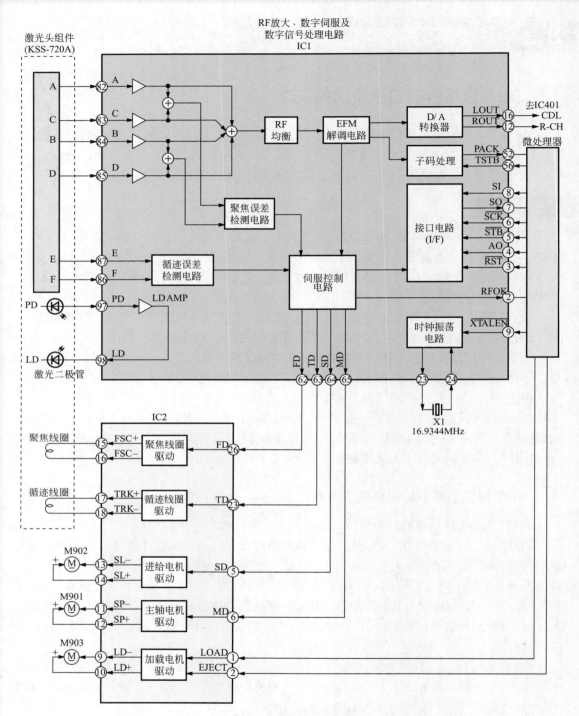

图 8-26　CD 电路的结构框图

伺服驱动电路 IC2 的⑤脚、⑥脚、㉓脚和㉖脚接收由 IC1 送来的伺服驱动信号。经放大等处理后，由 ⑮ 脚、⑯ 脚输出循迹线圈驱动信号，⑰脚、⑱脚输出聚焦线圈驱动信号，⑬脚、⑭脚输出进给电机驱动信号，⑪脚、⑫脚输出主轴电机驱动信号，⑨脚、⑩脚输出加载电机驱动信号。

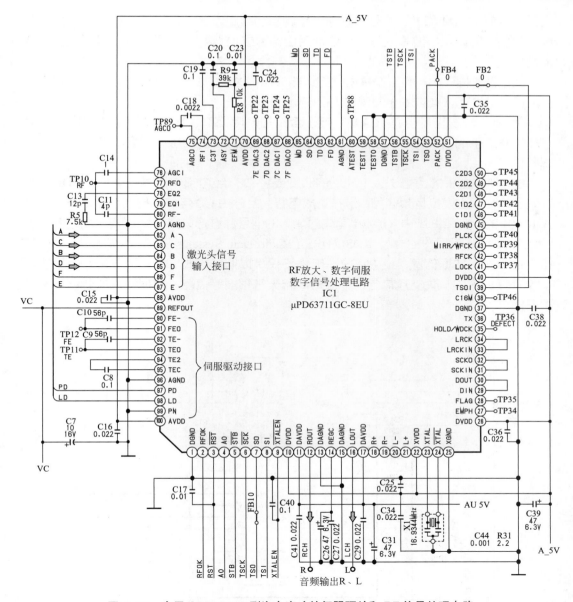

图 8-27　索尼 CDX-L400 型汽车音响的伺服预放和 RF 信号处理电路

8.3.2　汽车音响收音电路的识读

收音电路的主要功能就是接收和处理 AM/FM 广播信号，从 AM/FM 载波上解调出声音信号，图 8-29 所示为汽车音响收音电路的结构框图。该收音电路主要是由调谐器电路 TU10、电子音量控制电路 IC401 等组成。

【提示】▶▶▶

① 调谐器电路 TU10　调谐器电路 TU10 主要用来处理接收的 AM 或 FM 载波信号，

由天线送来的 AM 和 FM 信号分别送入①脚和②脚中，在芯片内部进行高频放大、混频、中放、解调和检波等处理，经处理后由⑥脚或⑩脚解调后送往电子音量控制电路 IC401 中。

调谐器电路 TU10 的工作是由微处理器 IC501 送来的 I²C 总线进行控制的，用户可以通过按键选择 AM 或 FM 的模式进行收听。

② 电子音量控制电路 IC401　电子音量控制电路 IC401 主要用来处理调谐器电路 TU10 送来的 AM-DET（AM）或 MPX（FM）的音频信号，对音频信号进行音量调整。

由 TU10 送来的信号送入 IC401 的⑪脚或⑬脚，经内部电路进行解码及音量控制等处理后，输出模拟音频信号，送往功放电路。此外由 CD 电路输出的音频信号也被送入 IC401 的①脚和②脚中，IC401 首先对输入的信号源进行选择，然后再进行调整。

③ RDS 译码器（IC51）　RDS/RDBS（Radio Data Systems）是在现有的 FM 广播节目信号中加入数据信息，使 FM 收音电路不仅可以照样接收 FM 广播节目，而且还可以接收其加入的有关交通广告、标准时间和天气预报等信息。数据和广播节目不会互相干扰。

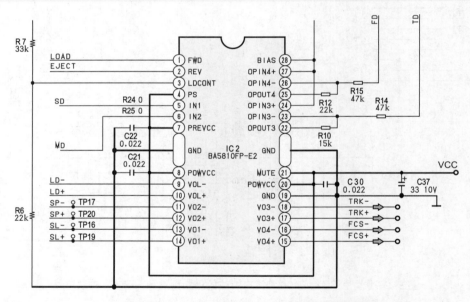

图 8-28　索尼 CDX-L400 型汽车音响的伺服驱动电路

图 8-30 为典型汽车音响的收音电路。

天线接口接收的 AM 或 FM 信号分别送入调谐器电路 TU10 的①脚和②脚，经内部电路进行高频放大、混频、中放、AM 检波、FM 鉴频和立体声解码等处理后，由⑧脚和⑩脚分别输出 AM 和 FM 音频信号，送往后级的电路中。

该机的供电电压有两组，分别为⑤脚的 8V 直流电压以及⑪脚和⑯脚的 5V 直流电压，若供电电压不正常，则调谐器电路无法工作。由微处理器送来的 I²C 总线控制信号控制调谐器的频道、频段以及模式等信息。

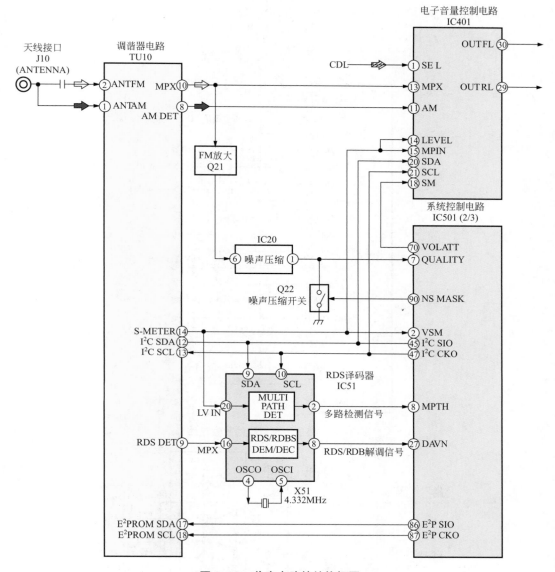

图 8-29 收音电路的结构框图

8.3.3 汽车音响功放电路的识读

功放电路中的主要元件便是音频功率放大器 IC404（TA8272H），该电路的主要功能是用来放大由音量控制电路 IC401 送来的音频信号，如图 8-31 所示。

输入的 4 路模拟音频信号经功率放大器 IC404 放大后，输出 4 组模拟音频信号，经插件送往扬声器中，用来驱动 4 路扬声器发声。

8.3.4 汽车音响微处理器电路的识读

微处理器电路主要用来接收人工指令，并将其转换为控制信号，控制各个电路进行工作，该机的微处理器电路主要是由微处理器 IC501 及外围元件组成的，如图 8-32 所示。

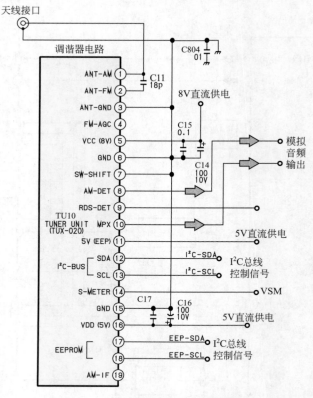

图 8-30　典型汽车音响的收音电路

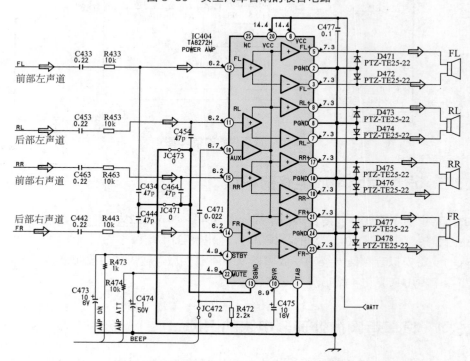

图 8-31　音频功率放大器 IC404 及外围元件

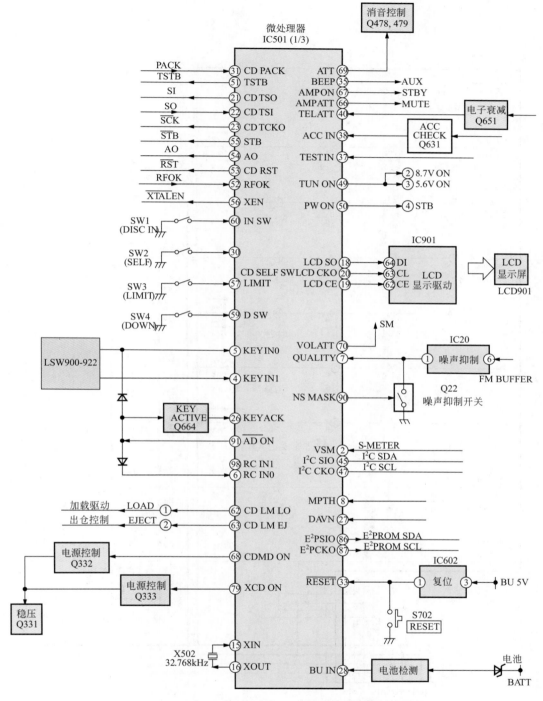

图 8-32 微处理器 IC501 及外围元件

8.3.5 汽车音响操作显示电路的识读

操作显示电路主要是由操作按键、LED 发光二极管、LCD 显示屏及 LCD 显示屏驱动电路等组成的，如图 8-33 所示。

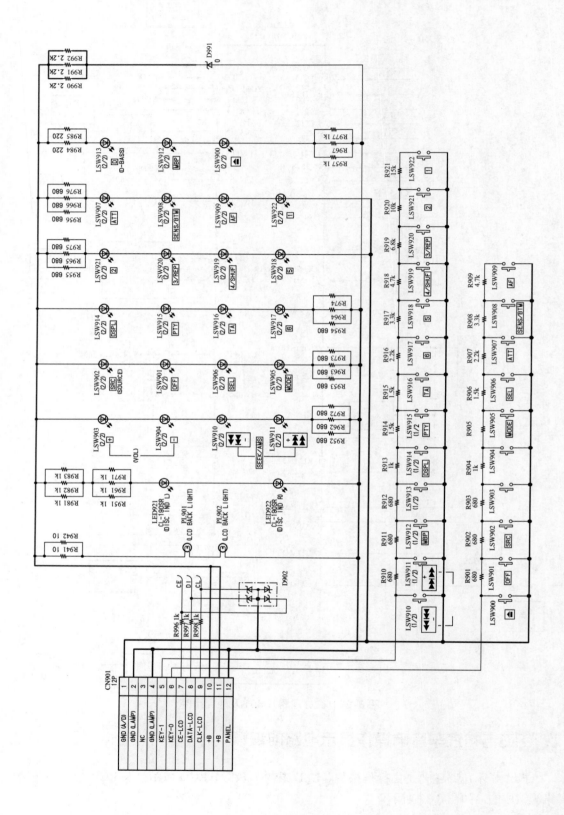

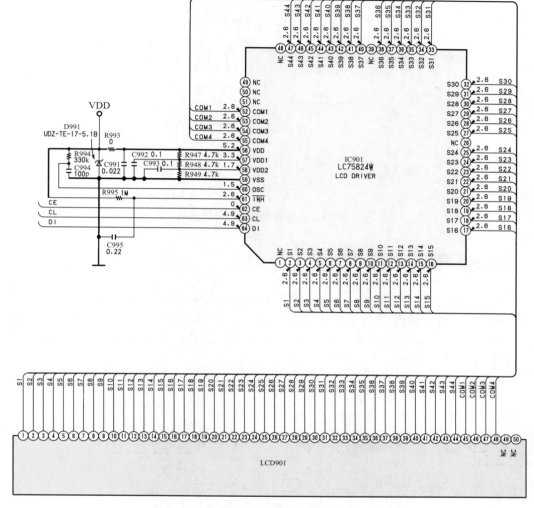

图 8-33　操作显示电路

　　用户通过操作按键来输入人工指令，并送入微处理器中。微处理器输出 LED 发光二极管控制信号，控制 LED 发光二极管发光。LCD 显示驱动电路 IC901（LC75824W）主要用来产生显示屏驱动信号，驱动 LCD 显示屏 LCD901 工作。

8.3.6　汽车前照灯控制电路的识读

　　图 8-34 为典型汽车前照灯控制电路。

　　该电路由蓄电池、熔断器、前照灯继电器、变光继电器、总开关、远光开关及左右两侧远、近光前照灯构成。当按下总开关，电压经熔断器后加到前照灯继电器，前照灯继电器得电，触点吸合，电流经前照灯继电器及变光继电器 K2-1，与左右两个汽车近光前照灯形成回路，左右两个汽车近光前照灯点亮。当按下远光开关，变光继电器得电，触点 K2-1 断开，K2-2 接通，左右两个汽车远光前照灯点亮，左右两近光前照灯熄灭。远光指示灯也点亮，指示当前远光灯处于点亮状态。

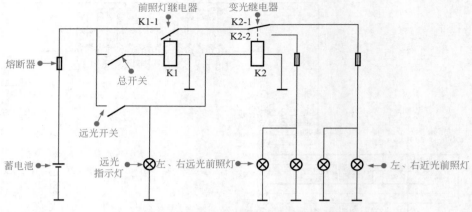

图 8-34 典型汽车前照灯控制电路

8.3.7 汽车空调电路的识读

图 8-35 为典型汽车空调电路。该电路主要是由蓄电池、点火开关、减负荷继电器、冷却液温控开关、高压保护开关、鼓风机调速电阻、冷却风扇继电器、冷却风扇电动机、鼓风机、空调继电器、环境温度开关、低压保护开关、怠速提升真空转换阀及电磁离合器、新鲜空气翻板电磁阀和空调开关指示灯等部件构成。

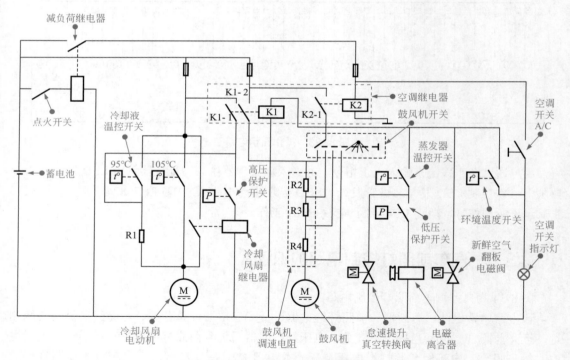

图 8-35 典型汽车空调电路

在未启动工作的时候，点火开关处于断开的状态。当汽车发动机启动后，将点火开关接通，减负荷继电器线圈得电，触点闭合，此时鼓风机电路接通。用户可以通过调节鼓风机开关，改变电路中接入鼓风机电路的电阻，实现对鼓风机转速的调整。

在该电路中，环境温度开关用以检测外界环境温度。当环境温度低于 10℃，环境温度开关时钟处于断开状态，此时即使按动空调开关，空调制冷电路也处于断开状态。一旦环境温度高于 10℃，环境温度开关便处于闭合的状态。此时，按下空调开关，电路接通，空调开关指示灯点亮，表示电路处于工作状态。同时，新鲜空气翻板电磁阀电路也会接通，新鲜空气翻板电磁阀动作，将进风口关闭，确保制冷系统在车内良好循环。

另外，空调开关和环境温度开关闭合，使得空调继电器线圈得电。其对应的两对触点 K1-1 和 K1-2 闭合。触点 K1-2 闭合，接通鼓风机电路；触点 K1-1 闭合，控制冷却风扇电动机工作。冷却风扇继电器线圈得电，其触点闭合，冷却风扇电动机便会得电运转。

在汽车空调电路中，还设有很多保护开关。其中，低压保护开关串联在蒸发器温控开关和电磁离合器之间，当制冷系统中因缺少制冷剂而造成制冷系统压力过低时，低压保护开关便会断开，压缩机便会停止工作。

而高压保护开关则串联在冷却风扇继电器和空调继电器触点 K1-1 之间。当制冷系统中高压正常，高压保护开关处于断开状态，电阻器 R1 串联在冷却风扇电路中，冷却风扇电动机处于低速运转状态。一旦制冷系统中高压超出额定值，高压保护开关闭合，将电阻 R 短路，电流经空调器继电器触点 K1-1、冷却风扇继电器后直接加到冷却风扇电动机上，冷却风扇电动机高速运转，以增强系统冷却能力。此外，冷却风扇电动机的工作还受冷却液温控开关的控制，当冷却液温度低于 95℃，冷却风扇电动机不转，当温度高于 95℃，冷却风扇电动机低速转动，当温度高于 105℃，冷却风扇电动机高速转动。

8.4 电冰箱实用电路识读

8.4.1 电冰箱控制电路的识读

电冰箱控制电路的主要功能是控制电冰箱压缩机的工作。图 8-36 为典型电冰箱的控制电路。

对于电冰箱电路的识读，可从关键部件入手，了解电路的工作过程和信号控制原理。

（1）启动控制

在该电路中可以看到，启动继电器安装在压缩机的绕组端，触点分别与压缩机的启动端 A 和运行端 M 连接。平时启动继电器处于断开状态，刚接通电源时，只有继电器线圈和运行绕组中有电流，由于压缩机的转子是静止的，启动电流很大，电流流过继电器线圈，继电器触点闭合，接通启动绕组，压缩机开始旋转。随着转速的升高，电流减小，触点断开，启动动作完成。

（2）温度保护

在压缩机电动机的下方，可以看到过热保护继电器。它与压缩机公共端相连。当压缩机外壳温度过高或者电流过大时，继电器内的碟形双金属片受热后反向弯曲变形，使触点断开，压缩机停机降温，对压缩机起到了保护的作用。过热保护继电器动作后，随着压缩机温度逐渐下降，双金属片又恢复到原来的形态，触点再次接通。图 8-37 为过热保护继电器的过热保护原理。

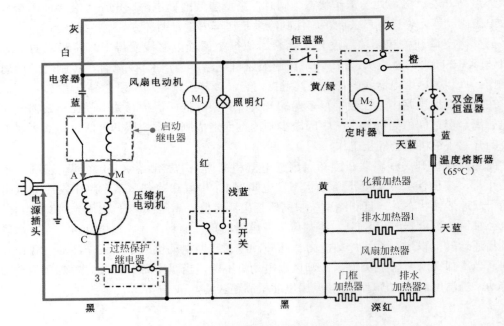

图 8-36　典型电冰箱的控制电路

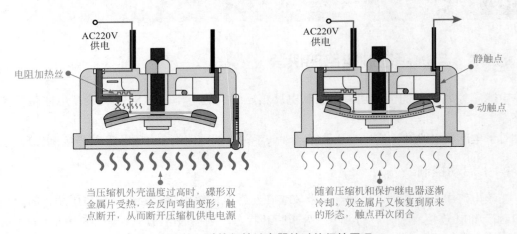

图 8-37　过热保护继电器的过热保护原理

（3）照明控制

电路中，照明控制的电路部分主要是由门开关、照明灯构成。当用户打开电冰箱冷藏室箱门，门开关闭合，接通照明灯控制电路，交流 220V 电压经照明灯形成回路。照明灯点亮。当电冰箱冷藏室箱门关闭，门开关断开，照明灯的供电电路随即断开，照明灯熄灭。

8.4.2　电冰箱化霜电路的识读

电冰箱的化霜电路可在人为或自动控制下，执行对电冰箱箱室化霜的工作。

图 8-38 为典型电冰箱的化霜电路。该电路采用微处理器控制。电路主要由微处理器 IC101、反相器 IC102、化霜继电器 RY74、RY73 和化霜加热器等构成。

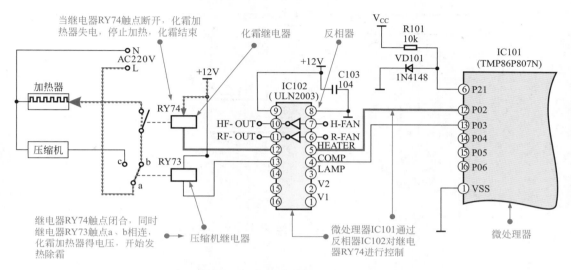

图 8-38　典型电冰箱的化霜电路

微处理器 IC101 通过反相器 IC102 对继电器 RY74 和 RY73 进行控制，继电器 RY74 的触点闭合，同时继电器 RY73 触点 a、b 相连，化霜加热器得到交流 220V 电压，化霜加热器发热开始除霜；当继电器 RY74 触点断开，化霜加热器失电，停止加热，化霜结束。

图 8-39 为典型机械式电冰箱的化霜电路。该电路是由化霜定时器、化霜温控器、化霜熔断器和化霜加热器等构成的。

电冰箱通电后，压缩机得电开始工作，化霜定时器内部电动机得电开始运转，当达到预定时间时（设定时间不可调），化霜定时器内部触点 a、b 相连，切断压缩机供电，停止制冷；同时供电电压经触点、化霜温控器、化霜熔断器为化霜加热器供电，开始化霜操作。

当加热器温度升高到某一点时，化霜温控器断开，交流 220V 电压再次经过定时器电动机，电动机开始下一次化霜的运转，化霜定时器内部触点 a、c 相连，压缩机得电再次工作。

8.4.3　电冰箱操作显示电路的识读

电冰箱的操作显示电路是电冰箱中输入人工指令和显示工作状态的部分，该电路通过操作按键输入人工指令，并通过显示屏显示当前的工作状态和内部温度。

图 8-40 为典型电冰箱的操作显示电路。电路以操作显示控制芯片为控制核心。

其中，操作显示控制芯片的⑤脚为 +5V 供电端，为操作显示控制芯片提供工作电压；操作显示控制芯片的⑧脚输入复位信号；晶体 XT101 与操作显示控制芯片的电路构成振荡电路，为操作显示控制芯片提供晶振信号。

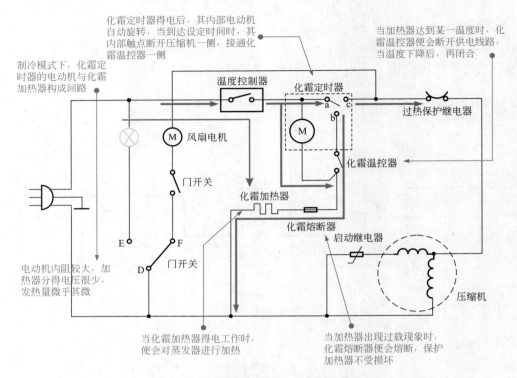

化霜定时器得电后，其内部电动机
自动旋转，当到达设定时间时，其
内部触点断开压缩机一侧，接通化
霜温控器一侧

当加热器达到某一温度时，化
霜温控器便会断开供电线路，
当温度下降后，再闭合

制冷模式下，化霜定
时器的电动机与化霜
加热器构成回路

温度控制器

化霜定时器

过热保护继电器

M 风扇电机

化霜温控器

门开关

化霜加热器

化霜熔断器

启动继电器

E   F

门开关

D

压缩机

电动机内阻较大，加
热器分得电压很少，
发热量微乎其微

当化霜加热器得电工作时，
便会对蒸发器进行加热

当加热器出现过载现象时，
化霜熔断器便会熔断，保护
加热器不受损坏

图 8-39　典型机械式电冰箱的化霜电路

当操作显示控制芯片正常工作后，由⑩脚和⑪脚作为通信接口与主控微处理器相连并进行信息互通，其中 TXD 为发送端，输送人工指令信号；RXD 为接收端，可接收显示信息、提示信息等内容。同时，操作显示控制芯片的㉘脚外接热敏电阻 RE-701 主要是用来对环境温度进行检测。

数码显示屏分为多个显示单元，每个显示单元可以显示特定的字符或图形，因而需要多种驱动信号进行控制，显示控制电路就是将微处理器输出的显示数据转换成多种控制信号。

在显示屏控制及人工指令输入电路部分，由操作按键 K1～K6 输入人工指令，通过⑨脚、⑥脚、⑦脚、㉘脚、㉗脚、㉕ 脚送入微处理器中，经内部处理后将可执行指令传送到控制电路的主控微处理器中进行信息的交互。

同时，操作显示控制芯片将显示信号通过 ⑫脚、⑬脚和⑭脚送到显示控制电路中，显示控制电路的⑫脚主要是用来接收由操作显示控制芯片送来的串行数据信号（DATA），⑪脚为写入控制信号（WR），⑨脚为芯片选择和控制信号（CS）并由㉞～㊽脚输出并行数据，对数码显示屏进行控制。

另外，操作显示控制芯片的㉒脚外接蜂鸣器驱动晶体管 Q401，驱动信号经该晶体管放大后再去驱动蜂鸣器 BZ401，电源部分送来的 +12V 直流电压为蜂鸣器提供工作电压。

电冰箱在工作过程中，当进行开机、操作按键或是电冰箱报警时，由操作显示控制芯片的㉒脚输出控制信号，驱动蜂鸣器 BZ401 发出声音，提示用户。

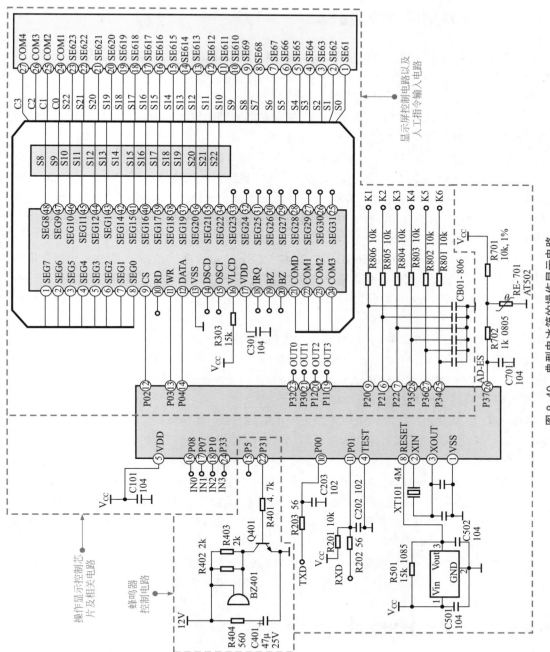

图 8-40 典型电冰箱的操作显示电路

8.5 手机实用电路识读

8.5.1 手机射频电路的识读

射频电路是手机实现通信的主要电路单元，主要用于接收手机基站送来的射频信号和发射用户讲话的声音信号。

图8-41为典型手机的射频接收电路。

从图8-41可以看到，该射频接收电路部分主要由射频天线（X7406、X7407）、射频收发电路（Z7513）、射频信号处理芯片（N7512）的相关电路引脚等构成。

① 智能手机接收信号时，由高低频段射频天线X7406、X7407接收的手机信号送入射频收发电路Z7513中，经内部电路切换后，输出接收的射频信号（RX），即：RX_HB、BAND_Ⅱ_RX、BAND_Ⅰ&Ⅳ_RX、BAND_Ⅴ_RX、BAND_Ⅷ_RX，其信号频率分别为1800MHz、1900MHz、1700MHz/2100MHz、850MHz、900MHz，由此可知该手机属于全频手机，可适用于接收不同的频率信号。

② 1 800MHz的射频信号RX_HB，经1842.5MHz的声表面波滤波器Z7518和耦合电容C7548、C7549耦合后送入射频信号处理芯片N7512的A13、A14脚；其他四路的射频信号直接经耦合电容器后，送入射频信号处理芯片N7512的A11、A12、C14、B14、A9、A10、A7、A8脚。

③ 接收的射频信号在射频信号处理芯片N7512中进行频率变换（降频）和解调等处理后，由P10、N9、M9、N10、M10脚输出所接收的数据信号（RXCLK、RXDA0～RXDA3），送往后级微处理器及数据处理电路中。

图8-42为典型手机的射频发射电路。

从图8-42可以看到，该射频发射电路主要由射频天线（X7406、X7407）、射频收发电路（Z7513）、射频功率放大器（N7510）及射频信号处理芯片（N7512）的相关电路等构成。

- 智能手机向外发射信号时，由微处理器及数据处理电路送来的发射数据信号（TXCLK、TXDA0～TXDA2）送入射频信号处理芯片N7512的N6、M5、N5、M6脚，经射频信号处理芯片N7512内部电路进行频率变换（调制）等处理后由L1、K1、M1、N1脚输出发射的射频信号（TXLM、TXLP、TXHP、TXHM），并送入射频功率放大器N7510中。
- 发射的射频信号经射频功率放大器N7510放大后，由⑰脚、㉔脚输出，经射频收发电路Z7513处理后，由射频天线X7406、X7407发射出去。

8.5.2 手机语音电路的识读

图8-43为典型手机语音电路。由图可知，该电路主要是由音频信号处理及电源管理芯片（N2200）、音频功率放大器（N2150）、耳机信号放大器（N2000）、模拟开关（N2001）、听筒（B2111）、扬声器（B2150）、耳麦接口（X2001）、主话筒（B2100）、话筒（B2101）及外围元件构成。

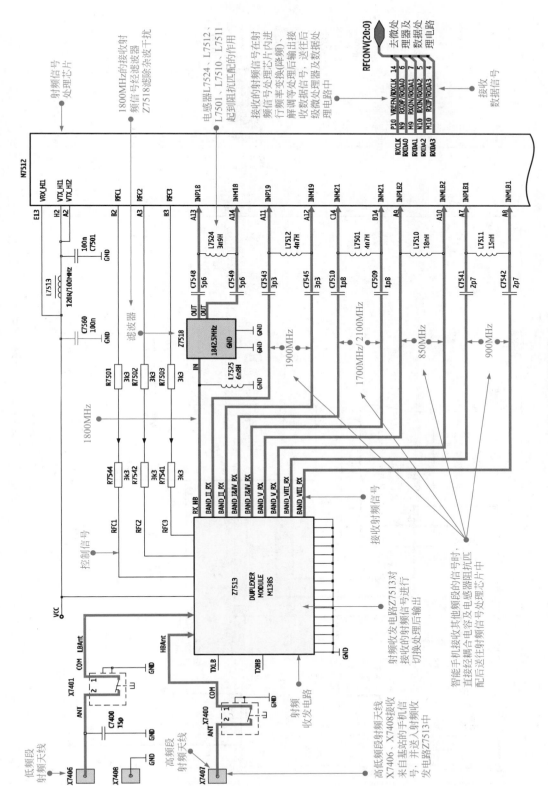

图 8-41 典型手机的射频接收电路

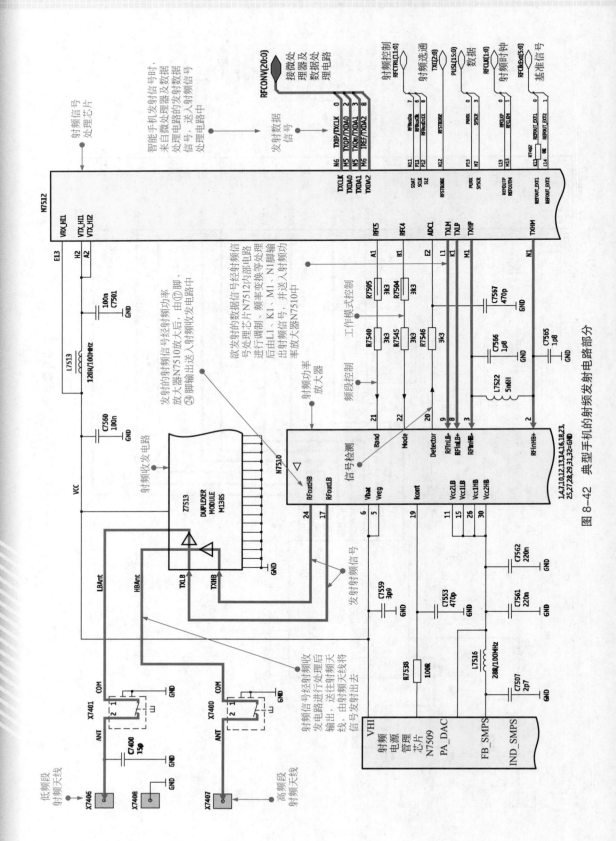

图8-42 典型手机的射频发射电路部分

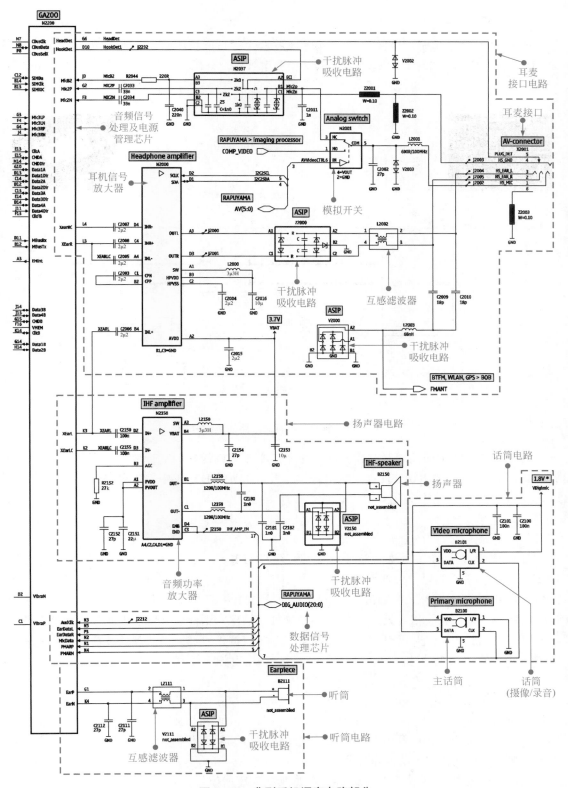

图 8-43 典型手机语音电路部分

（1）听筒电路

听筒电路主要由听筒（B2111）、互感滤波器（L2111）、干扰脉冲吸收电路（V2111）、音频信号处理及电源管理芯片（N2200）的相关引脚以及外围元件构成。图8-44所示为典型手机听筒电路的流程分析。

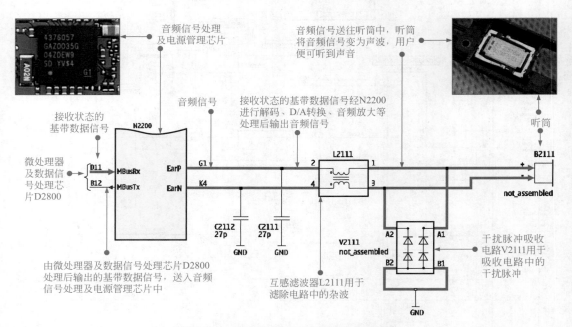

图8-44 典型手机听筒电路的流程分析

接听电话时，由微处理器及数据信号处理芯片D2800送来的基带数据信号经音频信号处理及电源管理芯片N2200处理后，输出音频信号送入听筒B2111中，听筒将音频信号变为声波，用户便可以听到声音了。

（2）话筒电路

话筒电路主要由主话筒（B2100）、话筒（B2101）、音频信号处理及电源管理芯片（N2200）的相关引脚以及外围元件构成。图8-45所示为典型手机话筒电路的流程分析。

当用户拨打电话时，声音信号首先由主话筒B2100送入微处理器及数据信号处理芯片D2800中进行话筒数字信号处理，经D2800处理后输出的话筒信号再送入音频信号处理及电源管理芯片N2200中进行编码等处理后，输出基带数据信号送回微处理器及数据信号处理芯片D2800中进行相关处理，最后经射频电路调制后由射频天线发射出去。

（3）扬声器电路

扬声器电路主要由扬声器（B2150）、音频功率放大器（N2150）、干扰脉冲吸收电路（V2150）、音频信号处理及电源管理芯片（N2200）的相关引脚以及外围元件构成。图8-46所示为典型手机扬声器电路的流程分析。

当用户选择扬声器接听电话时，由微处理器及数据信号处理芯片D2800送来的基带数据信号经音频信号处理及电源管理芯片N2200处理后，输出音频信号送入音频功率放大器

N2150 进行放大,再经干扰脉冲吸收电路 V2150 后,送入扬声器中,扬声器将音频信号变为声波,用户便可以通过扬声器听到声音了。

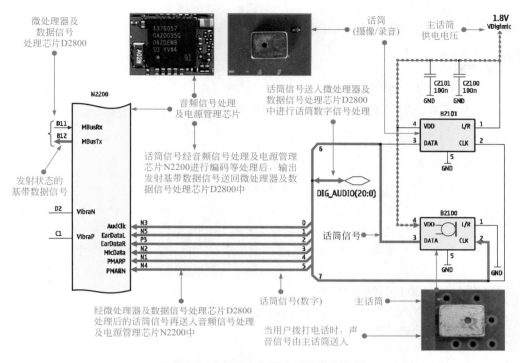

图 8-45 典型手机话筒电路的流程分析

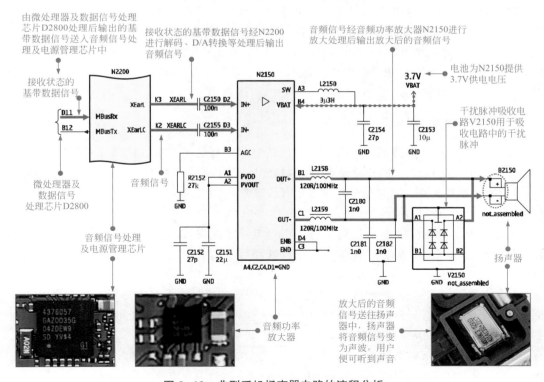

图 8-46 典型手机扬声器电路的流程分析

图 8-47 为典型手机电源及充电电路。该电路的功能是将电池以及充电器的供电分配给智能手机的各单元电路，从而使手机正常工作。

【提示】▶▶▶

　　从电路结构上，根据其功能特点将电源及充电电路划分成复位电路、电池供电电路、主充电电路、USB 充电电路几部分，然后依据信号流程对电源及充电电路进行逐级分析。

（1）复位电路

图 8-48 所示为复位电路部分。该电路主要是由开 / 关机按键（S2400）、复位电路（N2400）、音频信号处理及电源管理芯片（N2200）的相关引脚以及外围元件等构成。

由电池供电电路送来的 3.7V 电压为复位电路提供工作电压，当按下开 / 关机按键 S2400 时，开机控制信号送入音频信号处理及电源管理芯片 N2200 中，同时复位电路 N2400 将复位信号也送入 N2200 中，音频信号处理及电源管理芯片外接的 32.768kHz 晶体为音频信号处理及电源管理芯片 N2200 提供时钟信号。

音频信号处理及电源管理芯片 N2200 接收到开机、复位信号后，便会对电池、充电器接口、USB 接口送来的电源进行分配。

（2）电池供电电路

图 8-49 为电池供电电路部分，该电路是由电池接口（X2070）、音频信号处理及电源管理芯片（N2200）的相关引脚以及外围元件等构成。

智能手机连接电池开机后，由电池送来的 3.7V 电压经电池接口 X2070，送到音频信号处理及电源管理芯片 N2200 中，3.7V 电压经 N2200 处理后进行分配，输出 2.78V、2.5V、1.8V、1.1V 直流电压，为各单元电路供电。

（3）主充电电路

图 8-50 为主充电电路部分，由图可知，该电路主要是由充电器接口（X3350）、主充电控制芯片（N3350）、充电电流检测电阻（R3350）、充电指示灯（V2410）、USB 充电控制芯片（N3301）相关引脚、音频信号处理及电源管理芯片（N2200）的相关引脚以及外围元件等构成。

使用充电器对智能手机进行充电时，市电电压经充电器后输出直流电压，并由充电器接口 X3350 送入充电控制芯片 N3350 中进行处理后，输出 3.7V 供电电压，经电流检测电阻 R3350 为电池充电。

由充电器接口 X3350 送来的直流电压另一路经场效应晶体管 V3370 后产生一个电压，送入音频信号处理及电源管理芯片 N2200 中，用于检测主充电器，经 N2200 处理后输出控制信号，控制充电指示灯 V2410 点亮。

当同时插入主充电器和 USB 充电器时，主充电器的充电电压送入 USB 充电控制芯片 N3301 中，关闭 USB 充电控制芯片。同时 USB 模块输出主充电器处于充电状态的控制信号，

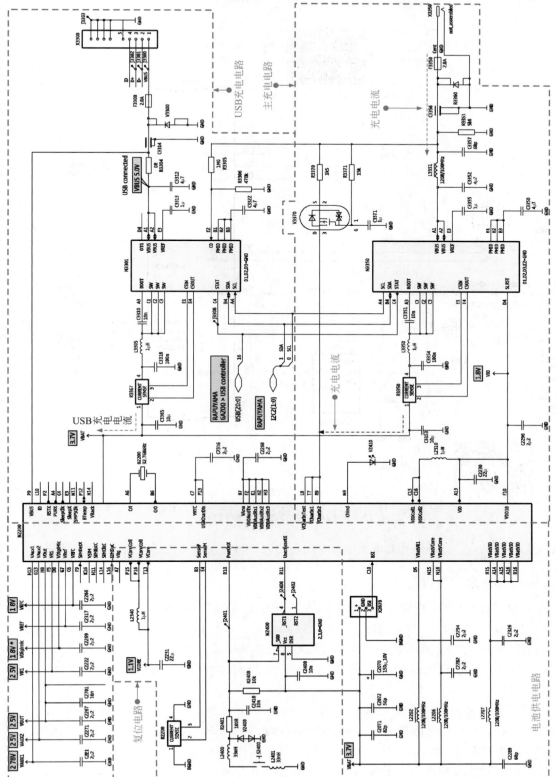

图 8-47 典型手机电源及充电电路部分

送入 USB 充电控制芯片 N3301 中，从而改变 N3301 充电电流的输出。

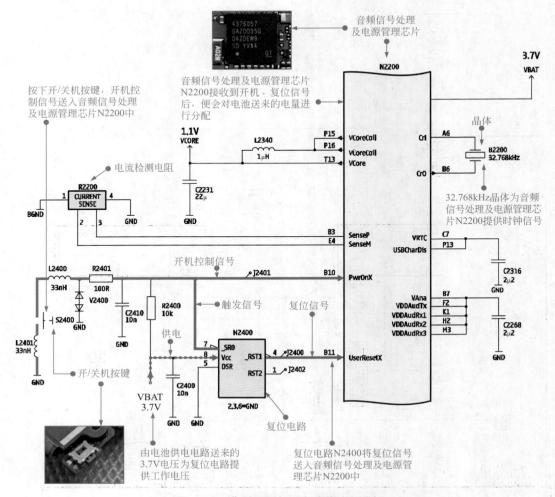

图 8-48　典型手机复位电路的流程分析

对电池充电后，音频信号处理及电源管理芯片 N2200 便会对电池送来的电源进行分配。

（4）USB 充电电路

图 8-51 为 USB 充电电路部分。由图可知，该电路主要是由 USB 接口（X3300）、USB 充电控制芯片（N3301）、充电电流检测电阻（R3367）、充电指示灯（V2410）、音频信号处理及电源管理芯片（N2200）的相关引脚以及外围元件等构成。

由上图可知，手机使用 USB 数据线时，外部设备输出的直流电压经 USB 接口 X3300 送入 USB 充电电路中。

外部设备送来的 +5V 直流电压经 USB 充电控制芯片处理后输出 +3.7V 的直流低压，该电路分为两种：一路经电流检测电阻 R3367 为电池充电；另一路直接送入音频信号处理及电源管理芯片 N2200 中。

音频信号处理及电源管理芯片 N2200 接收到 USB 充电信号后，对其进行处理后，输出控制信号，控制充电指示灯 V2410 点亮，表明该手机正在充电。

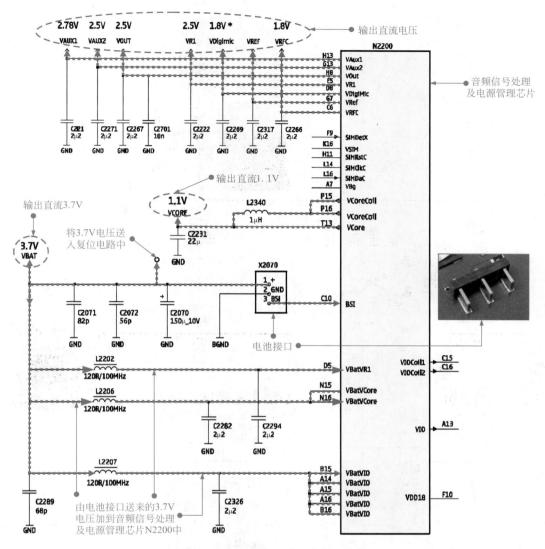

图 8-49　典型手机电池供电电路的流程分析

8.5.4　手机蓝牙电路的识读

蓝牙是一种短距离无线通信技术，一般距离在 10m 之内，能与设备之间进行无线信息交换。当手机用户使用蓝牙传输数据，数据需要经过蓝牙模块处理后，最终通过天线直接发送到位于附近的其他手机上，互通信息的两手机都应装有蓝牙电路。

图 8-52 为典型手机的蓝牙电路。可以看到，该电路主要由 BOB 模块 N6300 中的蓝牙模块部分、滤波器 Z6300、双工器 Z6700（天线共用器）、天线触片 X6700 及天线模块构成的。

对该部分电路的具体分析过程如下。

① 在进行蓝牙通信，发射数据状态时，需发射的数据信号经手机数据处理芯片后，经 UART_TX，送入 N6300 的蓝牙模块中，再经处理后，送入滤波电路 Z6300 中，再经双工器 Z6700、蓝牙天线触片 X6700 和天线模块发射出去。

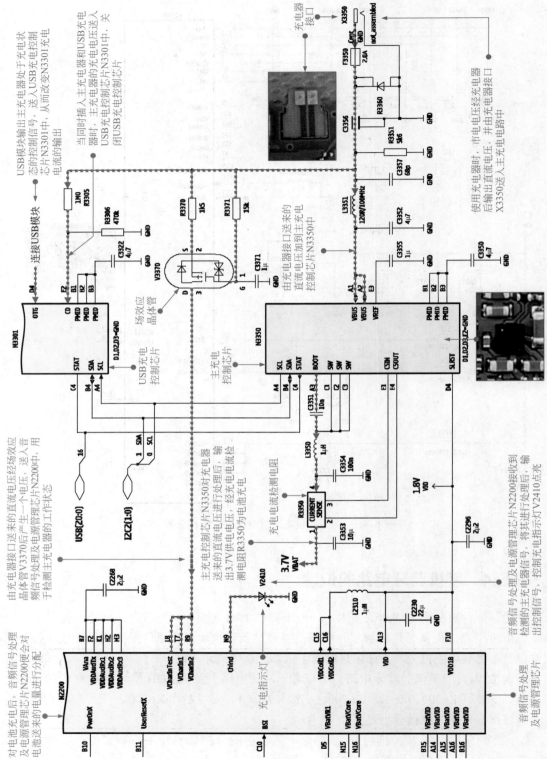

图 8-50 典型手机主充电电路的流程分析

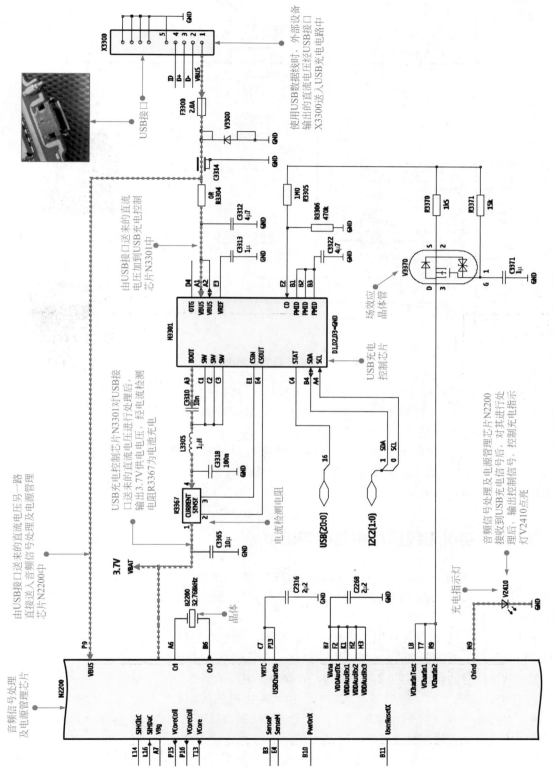

图8-51 典型手机USB充电电路的流程分析

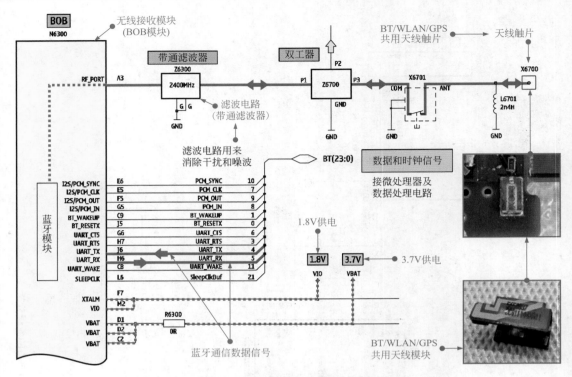

图 8-52　典型手机的蓝牙电路

②　在进行蓝牙通信，接收数据状态时，天线模块接收的外部传送来的信号，经天线触片 X6700、双工器 Z6700、滤波电路 Z6300 后，将信号送入 N6300 中，经内部蓝牙模块处理后，输出 UART_RX 送入智能手机微处理器及数据处理电路中。

③　同时，N6300 中的蓝牙模块与微处理器及数据处理芯片通过 SleepClkBuf、PCM_SYNC、PCM_CLK、PCM_OUT、PCM_IN、BT_WAKEUP、BT_RESETX、UART_CTS、UART_RTS、UART_WAKE 等信号线进行信号交换。

8.5.5　手机无线网络电路的识读

手机通过无线网络电路可以实现无线上网功能。智能手机用户启动无线网络功能后，无线网络电路工作，实现无线网络搜索、数据交互等功能。接收和发送的数据需要经无线网络电路处理后，再进行下一步工作。

图 8-53 为典型手机的无线网络电路。可以看到，该电路主要由 BOB 模块 N6300 中的无线网络模块部分、滤波器 Z6300、双工器 Z6700、天线触片 X6700 及天线模块构成。

无线网络信号的传输也是双向传输的，对该部分电路的具体分析过程如下。

①　在进行无线上网，发射数据状态时，由智能手机的数据处理部分送来的无线数据信号，送入 N6300 中的无线网络模块部分，经无线网络模块处理后，经天线触片 X6700，最终由天线模块发送到无线网络设备中。

②　在进行无线上网，接收数据状态时，无线射频信号由天线模块接收，经天线触片 X6700、双工器 Z6700、滤波器 Z6300、送入 N6300 的 A3 脚，经内部无线网络模块处理后，

将数据信号送入后级的微处理器及数据处理电路中。

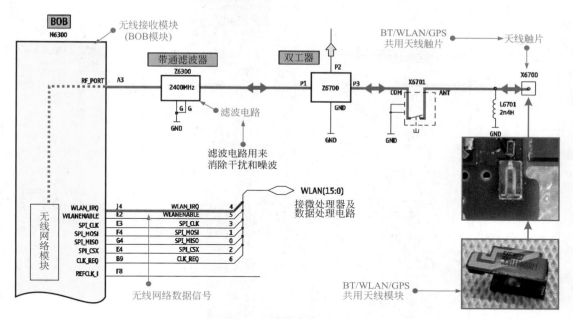

图 8-53　典型手机的无线网络电路

③ 同时，微处理器及数据处理电路通过 SPI 总线对无线网络模块进行控制。

8.5.6　手机 FM 收音电路的识读

　　手机中的 FM 收音电路是接收调频（FM）广播信号的电路，它利用耳机的一条引线作为接收天线，因而需要与耳机连接后使用。天线接收的广播信号在 FM 收音电路中进行放大、变频、解调等处理后输出音频信号，再通过语音电路送入耳机中。

　　当手机启用 FM 收音电路后，手机将耳机的引线之一作为天线将信号送入 FM 收音电路中，图 8-54 所示为典型手机中的 FM 收音电路。可以看到，该电路主要是由 BOB 模块 N6300 中的 FM 收音模块部分、干扰脉冲吸收电路 V2000、耳麦接口 X2001 及语音电路部分构成的。

　　对该部分电路的具体分析过程如下。

- 耳麦接口作为 FM 收音天线接收射频信号，经 N6300 的 M8 脚送入内部 FM 收音模块中，经处理后送往微处理器及数据处理电路和语音电路中。
- 在微处理器及数据处理电路控制下，FM 收音信号在语音电路中经音频信号处理芯片、耳麦信号放大器后，经耳麦接口输出。
- 同时，微处理器及数据处理电路通过 I^2C 总线对 FM 收音模块进行控制。

8.5.7　手机 GPS 导航电路的识读

　　手机中的 GPS 导航电路可以使手机实现在一定范围内进行实时定位、导航的电路。

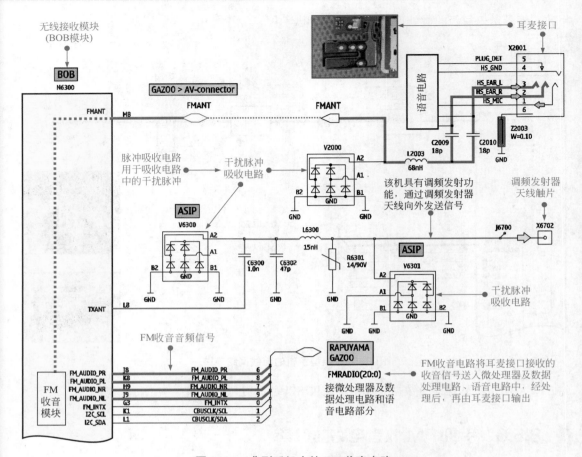

图 8-54 典型手机中的 FM 收音电路

图 8-55 为典型手机中的 GPS 导航电路。可以看到，该电路主要是由 GPS 定位处理芯片 N6200、16.368MHz 时钟晶体、声表面波滤波器 Z6200、双工器 Z6700、天线触片 X6700 及天线模块构成的。

对该部分电路的具体分析过程如下。

- 当智能手机启用 GPS 导航功能后，GPS 导航电路工作，微处理器及数据处理电路控制 GPS 导航电路工作，实现 GPS 导航、定位等功能。

GPS 导航信息由天线模块接收，经天线触片 X6700、双工器 Z6700、声表面波滤波器 Z6200 送入 GPS 定位处理芯片 N6200 的 D1 脚，由 N6200 进行处理后，送入微处理器数据处理电路中。

- GPS 定位处理芯片 N6200 工作需要满足一定的工作条件，即供电、时钟信号和 I²C 总线控制。

N6200 的 E1 脚为 3.7 V 供电端、G5、F8、A7、F5、G4、A2、F4、H1 为 1.8 V 供电端。

N6200 的 A4 脚外接 16.368MHz 时钟晶体，为其提供 16.368MHz 的时钟信号。

N6200 的 E6、B6 脚为 I²C 总线控制端，微处理器及数据处理电路通过这两个脚控制 GPS 定位处理芯片 N6200 的工作。

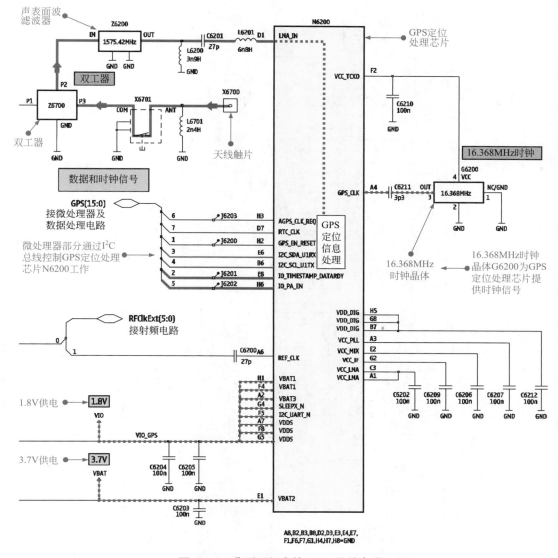

图 8-55　典型手机中的 GPS 导航电路

8.6.1　洗衣机控制电路的识读

图 8-56 为典型波轮洗衣机的控制电路。该电路主要是由微处理器（CPU）IC1（4021WFW）和外围电路以及进水电磁阀 IV、牵引器 CS、电动机、水位开关 S5、安全门开关 S6 等构成的。

在对波轮洗衣机控制电路进行识读时，可根据功能特点对电路进行单元划分，然后沿信号流程完成识读分析过程。

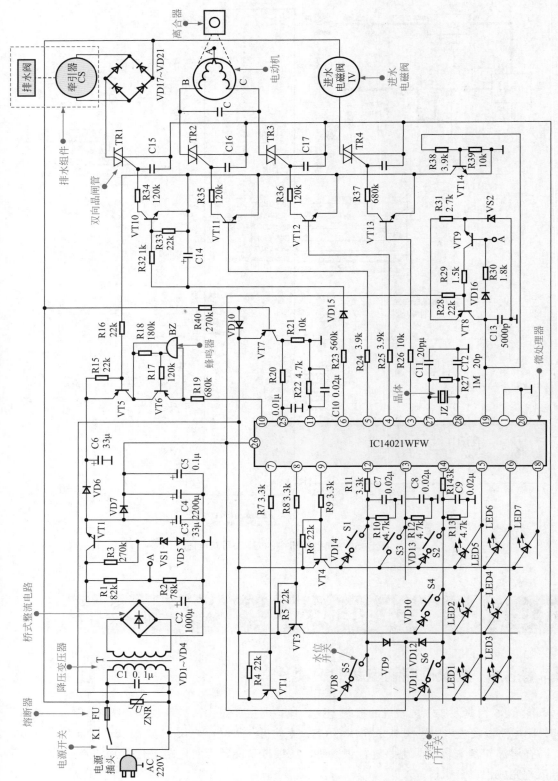

图 8-56 典型波轮洗衣机的控制电路

（1）电源电路

图 8-57 为该波轮洗衣机控制电路中的电源电路部分。该电路主要是由熔断器 FU、电源开关 K1、过压保护器 ZNR、降压变压器 T、桥式整流电路 VD1 ～ VD4 等元器件构成的。

典型波轮洗衣机的电源电路

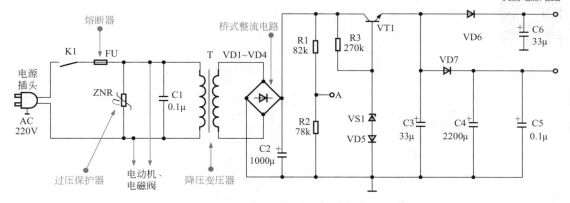

图 8-57　波轮洗衣机控制电路中的电源电路部分

通过识读可知：洗衣机通电开机后，交流 220V 电压经电源插头送入电源电路中，经熔断器 FU、电源开关 K1、过压保护器 ZNR 后分为两路。一路直接输出交流电压为电动机、进水电磁阀、排水组件供电。另一路，经过电源变压器降压后送入桥式整流电路 VD1 ～ VD4 进行整流，输出的直流电压再经滤波电容 C2 滤波，VT1 稳压后，输出稳定的直流电压为微处理器和其他需要直流供电的器件供电。

（2）微处理器电路

图 8-58 为该波轮洗衣机的微处理器电路。微处理器电路是由微处理器 IC1（4021WFW）、5V 供电电路、时钟电路、复位电路和操作显示电路等部分构成的。

电路中，微处理器 IC1（4021WFW）是一个具有 28 只引脚的集成电路，内部设定有各种控制程序，当满足供电、时钟和复位三大基本条件后，操作显示电路送入人工指令信号后，可输出各种控制信号和状态显示信号，是洗衣机整机控制核心。

① 5V 供电电路　电源电路经 VT1 输出约 5.6V 直流电压，经 VD7 整流后，输出 5V 直流电压，经容器 C3、C4 滤波后，送到微处理器 IC1 的㉖脚，为其提供基本供电条件。

② 时钟电路　微处理器 IC1 的㉗、㉘脚外接晶体 JZ，微处理器内部振荡电路与 JZ 构成晶体振荡器，产生时钟信号，为微处理器提供同步脉冲，协调各部位工作。

电路中晶体 JZ 外部并联的电阻器 R27 起到阻尼作用。

③ 复位电路　复位电路主要由晶体管 VT8、VT9、VD16、R29、R30、C13 等构成。复位电路是为微处理器提供启动信号的电路，电源供电经复位电路延迟后产生一个复位信号。控制电路开始工作时，电源电路输出 +5V 电压为微处理器（CPU）供电，+5V 的建立有一个由 0 到 5V 的上升过程，如果在上升过程中 CPU 开始工作，会因电压不足导致程序紊乱。复位电路实际上是一个延迟供电电路，当电源电压由 0 上升到 4.3V 以上时，才输出复位信号，此时 CPU 才开始启动程序，进入工作状态。

+5V 电压经电阻器 R28、R29 加到 VT9 的集电极，当该电压由 0 上升到 4.3V 以前，晶体管 VT9 基极为反向偏置状态而截止。当输入端电压超过 4.3V 时，VT9 基极电压（A）由 R1、R2 分压得到，该电压上升后使 VT9 导通，VT9 导通为 VT8 提供了基极电流，使 VT8 导通，从而为微处理器⑲脚提供复位信号。

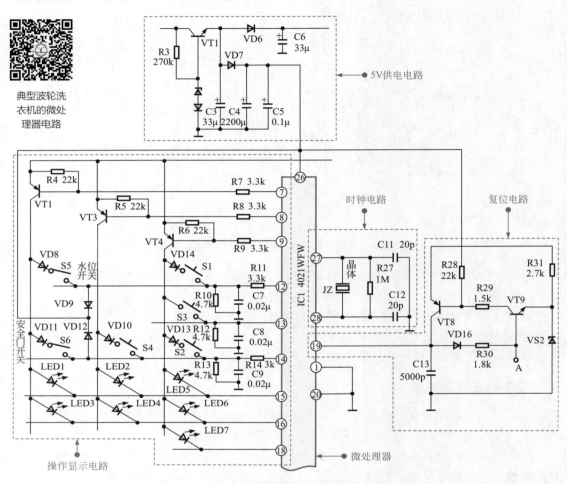

图 8-58　波轮洗衣机的微处理器电路

④ 操作显示电路　操作显示电路由操作按键 S1 ～ S4、状态指示灯 LED1 ～ LED7（发光二极管）等构成。通过按动操作按键可向微处理器送入启动、暂停、洗涤、漂洗、脱水等指令，由微处理器识别后输出相应的控制信号。

状态指示灯 LED1 ～ LED7 的正极分别经晶体三极管 VT1、VT3、VT4 后与交流供电零线相连。VT1、VT3、VT4 的基极分别经电阻器 R7、R8、R9 后与微处理器 IC1 的⑦、⑧、⑨脚相连，微处理器控制其导通与截止状态。

状态指示灯 LED1 ～ LED7 的负极连接微处理器 IC1 的⑮、⑯、⑱脚。由微处理器控制状态指示灯的点亮与熄灭，从而指示微处理器的工作状态。

（3）进水控制电路

图 8-59 为进水控制电路部分。进水控制电路由水位开关 S5、微处理器 IC1、启动 / 暂停操作按键、双向晶闸管 TR4、进水电磁阀Ⅳ等构成。

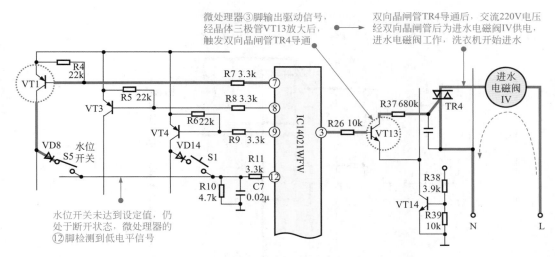

微处理器③脚输出驱动信号，经晶体三极管VT13放大后，触发双向晶闸管TR4导通

双向晶闸管TR4导通后，交流220V电压经双向晶闸管后为进水电磁阀IV供电，进水电磁阀工作，洗衣机开始进水

水位开关未达到设定值，仍处于断开状态，微处理器的⑫脚检测到低电平信号

图 8-59　进水控制电路部分

启动洗衣机前，首先设定洗衣机洗涤时的水位高度，然后按下洗衣机"启动 / 暂停"操作按键，向洗衣机微处理器 IC1 发出"启动"信号。

微处理器收到"启动"信号后，由⑦脚输出控制信号，使晶体三极管 VT1 导通，VT1 输出电压加到水位开关 S5 一端，此时水位开关未检测到设定的水位，开关仍处于断开状态。

同时，在微处理器收到"启动"信号后，因水位开关仍处于断开状态，此时微处理器 IC1 的⑫脚检测到低电平，经内部程序识别后，控制其③脚输出驱动信号，送入晶体三极管 VT13 的基极，晶体三极管 VT13 导通，触发双向晶闸管 TR4 导通。

双向晶闸管 TR4 导通后，交流 220V 电压经双向晶闸管后为进水电磁阀 IV 供电，进水电磁阀工作，洗衣机开始进水。

当水位开关 S5 检测到洗衣机内水位上升到设定位置时，触点闭合，微处理器 IC1 的⑫脚检测到高电平，控制其③脚停止输出驱动信号，晶体三极管 VT13 截止，双向晶闸管 TR4 控制极上的触发信号消失，双向晶闸管 TR4 截止，进水电磁阀停止工作，洗衣机停止进水。

（4）洗涤控制电路

图 8-60 为洗涤控制电路部分。洗涤控制电路主要是由微处理器 IC1、晶体三极管 VT11 和 VT12、双向晶闸管 TR2 和 TR3、电动机、离合器等器件构成。

当洗衣机停止进水后，微处理器内部定时器启动，此时，洗衣机进入"浸泡"状态，洗衣机操作显示面板上的"浸泡"指示灯点亮。

当定时时间到，微处理器在内部程序控制下，由⑤、④脚轮流输出驱动信号，分别经晶体三极管 VT11、VT12 后，送到双向晶闸管 TR2、TR3 的控制极，TR2、TR3 轮流导通，电动机得电开始正、反向旋转，通过皮带将动力传输给离合器，离合器带动洗衣机内波轮转动，洗衣机进入"洗涤"状态，洗衣机操作显示面板上的"洗衣"指示灯点亮。

在洗涤开始的同时，微处理器内部定时器开始对洗涤时间进行计时（用户选择洗涤模式不同，如普通洗涤、节水洗涤、加长洗涤等，定时器设定时间不同），当计时时间到，微处理器⑤、④脚停止输出驱动信号，电动机停止工作，洗涤完成。

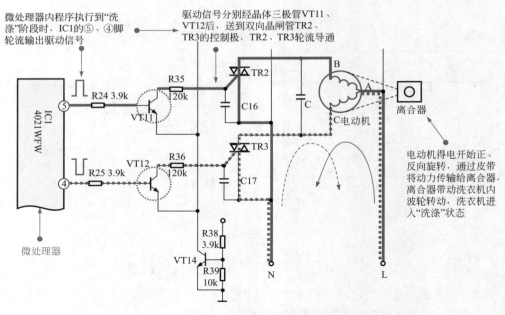

微处理器内程序执行到"洗涤"阶段时，IC1的⑤、④脚轮流输出驱动信号

驱动信号分别经晶体三极管VT11、VT12后，送到双向晶闸管TR2、TR3的控制极，TR2、TR3轮流导通

电动机得电开始正、反向旋转，通过皮带将动力传输给离合器，离合器带动洗衣机内波轮转动，洗衣机进入"洗涤"状态

图 8-60 洗涤控制电路部分

（5）排水控制电路

图 8-61 为排水控制电路部分。排水控制电路主要由微处理器 IC1、晶体三极管 VT10、双向晶闸管 TR1、桥式整流电路 VD17 ～ VD21、牵引器和排水阀构成。

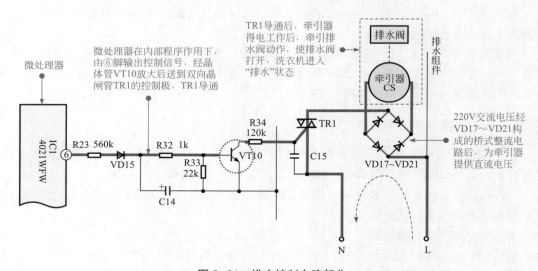

微处理器在内部程序作用下，由⑥脚输出控制信号，经晶体管VT10放大后送到双向晶闸管TR1的控制极，TR1导通

TR1导通后，牵引器得电工作后，牵引排水阀动作，使排水阀打开，洗衣机进入"排水"状态

220V交流电压经VD17～VD21构成的桥式整流电路后，为牵引器提供直流电压

图 8-61 排水控制电路部分

当洗衣机停止洗涤后，微处理器在内部程序作用下，由⑥脚输出控制信号，经晶体管 VT10 放大后送到双向晶闸管 TR1 的控制极，TR1 导通。220V 交流电压经 VD17 ～ VD21 构成的桥式整流电路后，为牵引器供电，牵引器工作后牵引排水阀动作，使排水阀打开，洗衣机桶内水便顺着排水阀出口从排水管中排出。

与此同时，牵引器内电磁线圈得电后将离合器转入脱水状态，为下一步脱水控制做好准备。

（6）脱水控制电路

洗衣机排水工作完成后，洗衣机进入到脱水环节。参看图8-56可知，由微处理器IC1的⑤、④脚输出脱水驱动信号，驱动晶体管VT11、VT12和双向晶闸管TR2、TR3导通，使洗衣机电动机单向高速旋转，同时通过离合器，带动洗衣机内的脱水桶顺时针方向高速运转，靠离心力将吸附在衣物上的水分甩出桶外，起到脱水作用。

脱水完毕后，微处理器IC1控制牵引器CS和洗涤电动机停止工作。之后，微处理器IC1的⑩脚输出蜂鸣器控制信号，经晶体三极管VT6放大后，驱动蜂鸣器BZ1发出提示音，提示洗衣机衣物洗涤完成，提示完后，操作控制面板上的指示灯全部熄灭，完成衣物的洗涤工作。

（7）安全门开关检测电路

图8-62为安全门检测电路部分。安全门开关检测电路主要是由微处理器IC1、安全门开关S6及外围元件构成。

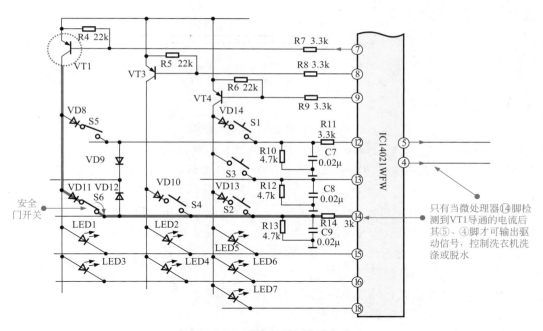

图8-62　安全门检测电路部分

当洗衣机上盖处于关闭状态时，安全门开关S6闭合。当按下洗衣机"启动/暂停"操作按键后，微处理器⑦脚输出控制信号使晶体管VT1导通，VT1为安全门开关供电，然后将该电压送至微处理器的⑭脚。

当微处理器⑭脚能够检测VT1导通的电流，⑤、④脚才可输出驱动信号，控制洗衣机洗涤或脱水。

若上盖被打开，微处理器便检测不到经过安全门开关闭合信号，便会暂停⑤、④脚的信号输出，洗衣机电动机立即断电，停止洗涤工作，待上盖关闭后，继续进行工作。

图 8-63 为典型电风扇控制电路。该电路采用 NE555 集成电路作为控制核心。

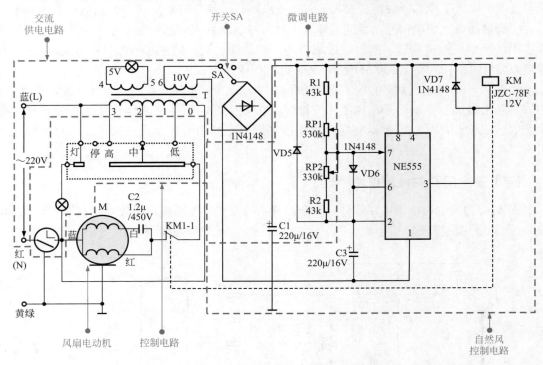

图 8-63 典型电风扇控制电路

交流 220V 电源输入后，经控制电路对风扇电动机的转速和运转时间进行控制，但开关 SA 闭合时，电流送入自然风控制电路，自然风控制电路控制风扇电动机间歇式工作，从而形成自然风。

在该电路中定时器可以设定为 15min、30min、45min、60min 和长时间运转，当定时器达到设定时间时，内部触点断开，整个电路形成断路，风扇电动机停止运行。

在控制电路中由琴键开关控制电动机的低速运转、中速运转、高速运转和停机，照明灯又由琴键开关内的单独按钮进行控制。

自然风开关 SA 控制自然风电路的运转，当其断开时停止电风扇的自然风功能，当 SA 闭合时电风扇的自然风功能可以正常使用。

例如当将定时器设定为 15min，琴键开关设定于中挡，电风扇的风扇电动机进行中速运转，开关 SA 闭合时，供电电压经变压器 T 后，送入桥式整流堆进行整流，再经电容器 C1 滤波后为集成电路 NE555 供电，同时经微调电路为⑦、⑥、②脚提供控制信号，使③脚按一定规律输出高电平和低电平信号，当输出高电平时，继电器 KM 不动作，当输出低电平时 KM 动作，继电器常闭触点 KM1-1 断开，风扇电动机停止工作，整个电路形成断路；继电器 KM 失电，使其常闭触点闭合，风扇电动机运转。继电器在 NE555 的控制下有规律地工作使电动机间歇式运转，形成了自然风。

当不需要自然风时，可将开关 SA 断开，自然风控制电路停止运行，但不影响电风扇电路的工作。

8.6.3 风扇电动机驱动电路的识读

图 8-64 为典型风扇电动机驱动电路。

该电路的主体是以集成电路控制芯片 IC RTS511B-000，它的⑲脚连接红外接收器，接收控制信号，并对信号进行处理，再由相应②～⑥脚输出控制信号。风扇电动机的公共端接到交流 220V 的火线端（L），高速、中速和低速控制端由三个双向晶闸管 V2、V3、V4 进行控制，速度控制触发信号分别由 IC RTS511B-000 的②、③、④脚输出，并分别控制晶闸管的触发端。

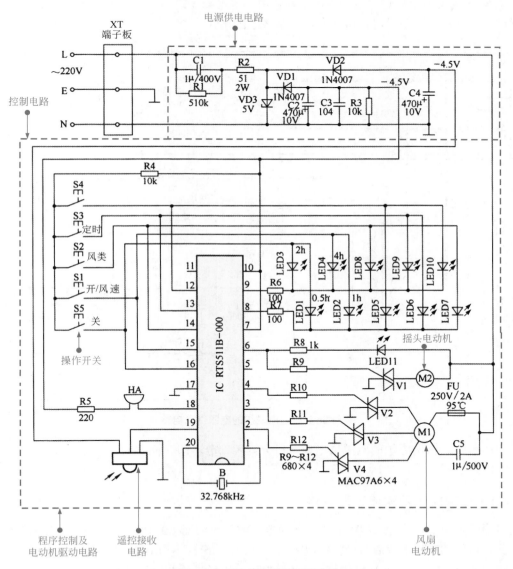

图 8-64　风扇电动机驱动电路

此外在电风扇中还设有摇头电动机，摇头电动机是由双向晶闸管 V1 控制，图中地线端为交流 220V 的零线。控制触发信号由 IC RTS511B-000 的⑥脚输出，控制信号触发摇头指示灯 LED11 点亮，并触发双向晶闸管 V1 的触发端，双向晶闸管 V1 导通，摇头电动机 M2 旋转。

　　IC RTS511B-000 控制芯片的①、⑳脚外接晶体，为芯片提供时钟信号。IC RTS511B-000 的⑱脚外接蜂鸣器 HA，当收到控制信号或进行功能转换时会发出声响提醒用户。IC RTS511B-000 芯片在进行控制时，相应的 LED 发光指示，在风扇主体上也设有人工指令键，选择风扇的工作方式。

8.6.4　电磁炉电源供电电路的识读

　　图 8-65 为典型电磁炉的电源供电电路，由于该电磁炉中的电源供电电路每部分实现的功能不同，因此将该电源供电电路分为几个电路进行分析。

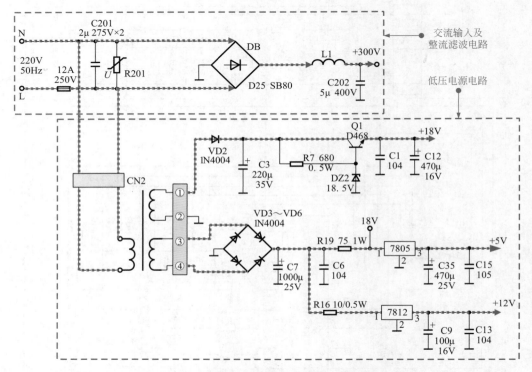

图 8-65　典型电磁炉的电源供电电路

　　由图可知，该电磁炉的电源供电电路可分为两部分，即交流输入及整流滤波电路和低压电源电路。

（1）交流输入及整流滤波电路

　　电磁炉开机后，交流 220V 电压经熔断器、滤波电容器 C201 以及压敏电阻 R201 等元器件，滤除市电的高频干扰后，送往整流滤波电路中，如图 8-66 所示。

　　由图 8-66 可知，经滤波后的交流 220V 电压，再经过桥式整流堆 DB 整流后输出 +300 V 的直流电压，再由扼流圈 L1、电容器 C202 构成的低通滤波器进行平滑滤波，并阻止功率输出电路产生的高频谐波。

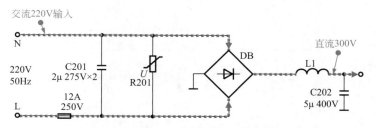

图 8-66　交流输入及整流滤波电路的分析

【提示】▶▶▶

　　不同型号的电磁炉的市电输入电路也有所区别，图中的电容器 C1、C2 和互感滤波器 T 构成滤波电路，用来滤除市电中的高频干扰，防止强脉冲冲击炉内电路，同时抑制电磁炉工作时对市电的电磁辐射污染，如图 8-67 所示，而有一些电磁炉的市电输入电路中则只是采用一个谐波吸收电容 C 进行滤波。

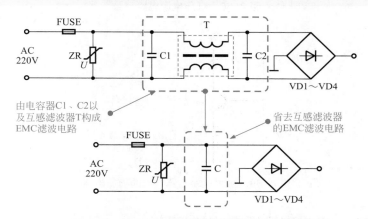

图 8-67　不同型号电磁炉中的交流输入电路

（2）低压电源电路

　　图 8-68 为低压电源电路部分。

　　① 交流 220V 电压，加到降压变压器的初级绕组，其次级有两个绕组 A、B。A 绕组经连接插件 CN1 的①脚输出，经整流滤波电路（D2、C3）整流滤波后，再经稳压电路（Q1、ZD2）稳压后，输出 +18V 直流电压为其他电路供电。

　　② 降压变压器的次级绕组 B 经连接插件的③脚和④脚输出交流低压，经桥式整流电路（D3 ～ D6）整流滤波后分为两路：一路经电阻器 R19 和三端稳压器 7805 输出 +5V 的直流电压；另一路经电阻器 R16 和三端稳压器 7812 输出 +12V 的直流电压。

【提示】▶▶▶

　　射极输出器 Q1 的基极接有 18.5V 的稳压二极管 ZD2，稳压二极管 ZD2 主要是用来控制射极输出器 Q1 基极的电压稳定在 18.5V，从而使 Q1 发射极输出的电压等于 $18.5V-U_{BE}$，由于晶体管的基极和发射极之间的结电压为一恒定值（0.5 ～ 0.7V），因而输出电压可稳定在 18V 左右如图 8-69 所示。

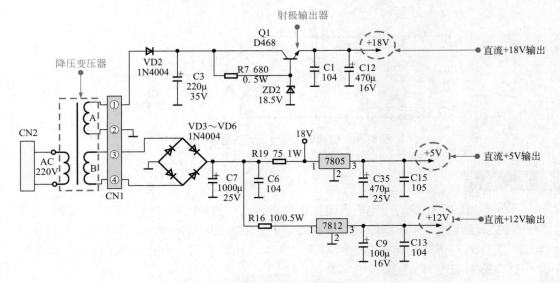

图 8-68 低压电源电路部分

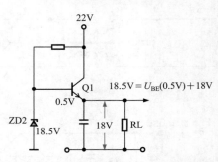

图 8-69 由射极输出器构成的稳压电路

8.6.5 电磁炉功率输出电路的识读

图 8-70 为典型电磁炉的功率输出电路。由图可知，该电路主要是由炉盘线圈、高频谐振电容 C203、IGBT 以及阻尼二极管 D201 等构成的。

交流 220V 市电经熔断器 FU、滤波电容 C201 加到桥式整流堆上，整流后的直流电压经扼流圈 L1 和平滑滤波电容 C202 为炉盘线圈供电，炉盘线圈与 C203 构成并联谐振电路。炉盘线圈的另一端经电流检测变压器与门控管（IGBT）的集电极相连。工作时门控管输出的脉冲加到炉盘线圈上，使炉盘线圈进入振荡状态，从而使线圈辐射出磁力线（磁能）。铁质灶具在磁力线的作用下形成涡流而产生热量。

工作时振荡电流流过电流检测变压器的初级绕组，其次级会感应出交流信号，该信号经限流和整流滤波电路形成直流电压，作为炉盘线圈电流的取样信号送到微处理器中进行监测，一旦有过流情况，微处理器立即采取限流或停机措施进行自我保护。

8.6.6 电磁炉主控电路的识读

图 8-71 为典型电磁炉的主控电路。该电路主要是由蜂鸣器驱动电路、温度检测电路、电

流检测电路、直流电源供电电路、同步振荡电路、PWM 驱动放大器、操作显示电路接口、微处理器（MCU）控制电路等构成的。

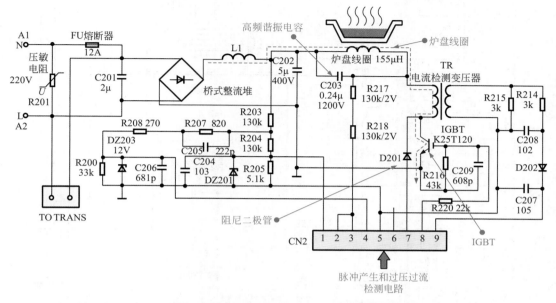

图 8-70　格兰仕 C16 A 型电磁炉的功率输出电路原理图

（1）微处理器控制电路

U202（ST72215）的⑫脚为 +5V 电压供电端，②脚和③脚外接 8MHz 晶体，用来产生时钟振荡信号；⑬脚输出 PWM 控制信号，送往 PWM 驱动电路中。

（2）PWM 驱动电路

该电磁炉的 PWM 驱动电路主要由 U201（TA8316S）及外围元件构成。

U201（TA8316S）的②脚为电源供电端，①脚为 PWM 调制信号输入端，PWM 调制信号经 TA8316S 进行放大后，将放大的信号由⑤脚和⑥脚输出，输出信号经插件 CN201 输出，送至功率输出电路中。TA8316S 的⑦脚为钳位端。

（3）同步振荡电路

炉盘线圈两端的信号经插件 CN201 加到电压比较器 LM339 的⑩脚和⑪脚，经比较器由⑬脚输出同步振荡信号，再经电压比较器 U200 C，由⑭脚输出与 U202 送来的 PWM 信号合成，再送到 TA8316S 的①脚，进行放大。

（4）报警驱动和散热风扇驱动电路

U202 的⑫脚输出蜂鸣器驱动脉冲信号，经电阻器 R243 后送到驱动晶体管 Q209 的基极，经晶体管放大后，驱动蜂鸣器 BZ 发出声响。当电磁炉在开始工作、停机、开机或处于保护状态时，为了提示用户进而驱动蜂鸣器发出声响。

U202 的⑩脚输出散热风扇驱动信号，经电阻器 R214 后送到晶体管 Q203 的基极，触发

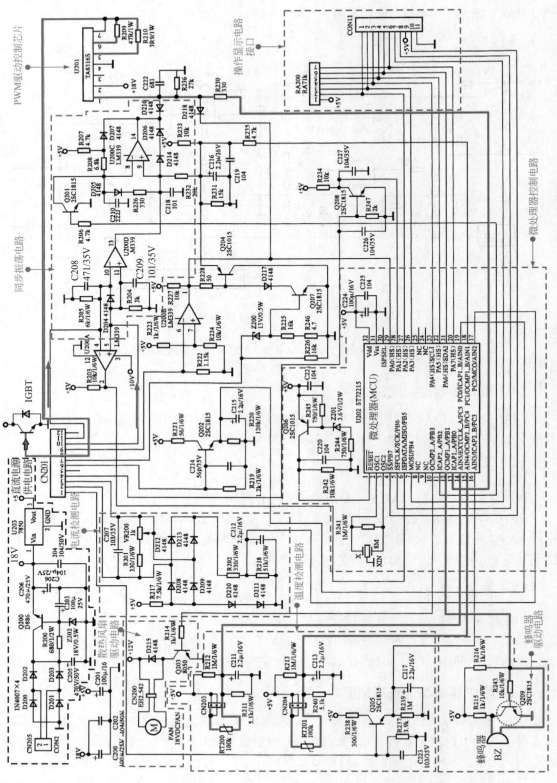

图8-71 典型电磁炉的主控电路

晶体管 Q203 导通后，+12V 开始为散热风扇电动机供电，散热风扇启动运转。

（5）电流检测电路

电流检测变压器次级输出信号经 CN201 的②脚和③脚加到桥式整流电路的输入端，桥式整流电路输出的直流电压经 RC 滤波后送到微处理器的电流检测端⑰脚，如果该脚的直流电压超过设定值，则表明功率输出电路过载，微处理器则输出保护信号。

（6）温度检测电路

电磁炉的温度检测电路主要包括电磁炉的炉面温度检测电路和 IGBT 温度检测电路。主要用于检测炉盘线圈工作时的温度和 IGBT 工作时的温度，它们主要由炉面温度检测传感器 RT200（位于炉盘线圈上）和 IGBT 温度检测传感器 RT201（位于散热片下方）及连接插件和相关电路构成。

当电磁炉炉面温度升高时，炉面温度检测传感器 RT200 的阻值减小，则 RT200 与 R211 组成的分压电路中间分压点的电压升高，从而使送给微处理器⑭脚的电压升高，微处理器将接收到的温度检测信号进行识别，若温度过高，立即发出停机指令，进行保护。

当电磁炉 IGBT 温度升高时，IGBT 温度检测传感器 RT201 阻值变小，则 RT201 与 R240 组成的分压电路中间分压点的电压升高，从而使送给微处理器⑮脚的电压升高，微处理器将接收到的温度检测信号进行识别，若温度过高，立即发出停机指令，进行 IGBT 保护。

8.6.7　电磁炉操作显示电路的识读

操作显示电路是为电磁炉输入人工指令的电路，同时显示电磁炉的工作状态。图 8-72 为典型电磁炉的操作显示电路。

电路的主要元器件是 IC1（74HC164），IC1 是一个 8 位数据移位寄存器，它将微处理器送来的一路串行数据信号变成 8 路并行的数据信号输出，其中①脚和②脚为串行数据信号输入端，接收来自微处理器的数据信号，⑧脚为时钟信号输入端，接收来自微处理器的时钟的信号，⑨脚为清零信号输入端，开机时 +5V 电源加到此端，对芯片进行清零复位。

【提示】▶▶▶

如图 8-73 所示，IC1 在数据信号和时钟信号的作用下，由 Q0 ~ Q7 端输出不同时序的脉冲信号。

发光二极管驱动电路的结构如图 8-74 所示，移位寄存器的数据输出端加到发光二极管 L1 至 L6 的正极性端，负极性端接到晶体管 Q101 的集电极。从图可见，当晶体管 Q101 基极有正极性脉冲时，相应发光二极管也有正极性脉冲时，该发光二极管便会发光。由于多个发光二极管的正极端的脉冲信号的时序是不同的。它与 Q101 基极的控制脉冲相对应时，相应的发光二极管即会发光。18 个发光二极管分成 3 组，由 Q101、Q102、Q103 三个晶体管和移位寄存器配合进行显示控制。

其中 IC1 的 Q4、Q0、Q1、Q2、Q3 端外接按键开关，是安装在电磁炉面板上的人工指令键，当操作任一开关时，便有相应的时序脉冲经 CN1 的⑧脚送给微处理器，为微处理器输

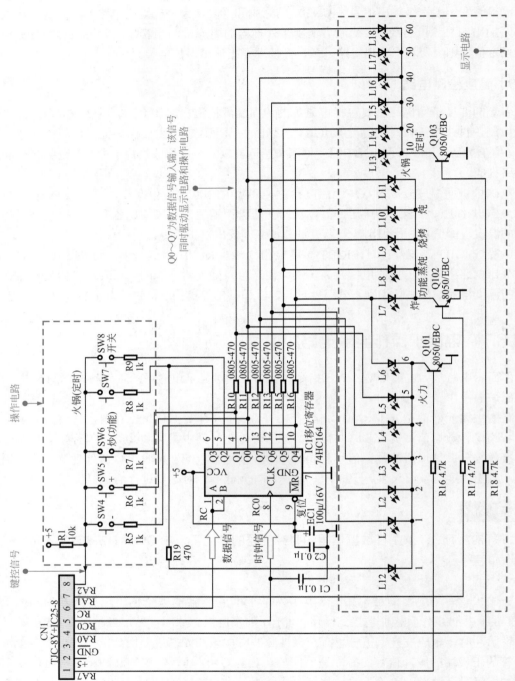

图 8-72 格兰仕 C16 A 型电磁炉的操作显示电路

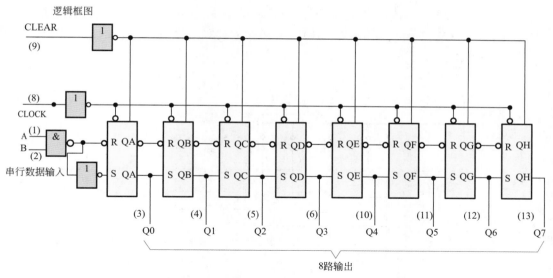

逻辑框图

图 8-73　由 Q0 ～ Q7 端输出不同时序的脉冲信号

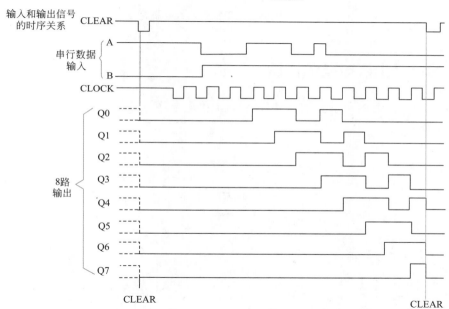

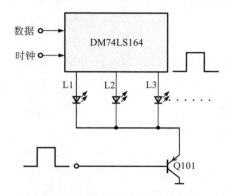

图 8-74　发光二极管驱动电路

入人工指令。如图 8-75 所示，微处理器接收到指令后在进行动作的同时，通过 CN1 的①脚、④脚、⑦脚输出控制信号，分别控制 Q101、Q102、Q103，它与 IC1 输出的信号相配合使相应的发光二极管发光，显示工作状态。

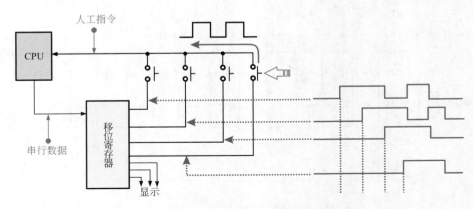

图 8-75　人工指令输入电路

8.6.8　吸尘器电路的识读

图 8-76 为典型吸尘器电路。它主要是由直流供电电路、转速控制电路以及电动机供电电路等部分构成的。

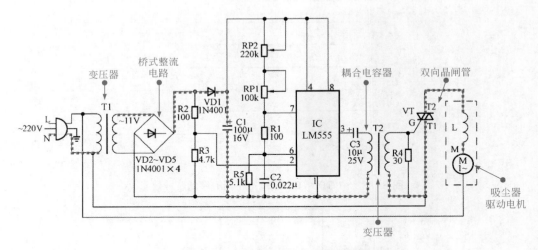

图 8-76　富士达 QVW—90A 型吸尘器电路

从图可见，交流输入 220V 电源经过双向晶闸管为吸尘器驱动电动机供电。控制双向晶闸管的导通角（每个供电周期内的相位），就可以实现电动机的速度控制。

在该电路中交流 220V 输入经变压器 T1 降压成交流 11V 电压，经桥式整流和 C1 滤波变成直流电压，为 IC 供电，由 R2、R3 分压点取得的 100Hz 脉动信号加到 IC 的②脚作为同步基准，LM555 的③脚则输出触发脉冲信号，经 C3 耦合到变压器 T2 的初级，于是 T2 的次级输出触发脉冲加到晶闸管的控制极 G 端，使双向晶闸管导通，电动机旋转，调整 LM555 的

⑦脚外接电位器，可以调整触发脉冲的相位，即可实现速度调整。

8.6.9　电热水壶电路的识读

图 8-77 为典型电热水壶的整机电路。该电路主要是由加热及控制电路，电磁泵驱动电路等部分构成。

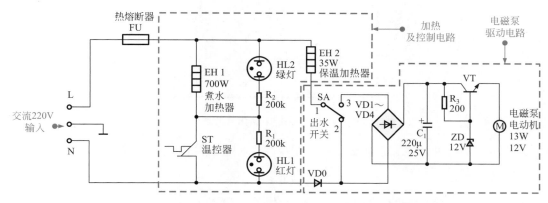

图 8-77　电热水壶的整机电路图

（1）加热电路

交流 220V 电源为电热水壶供电，交流电源的 L（火线）端经热熔断器 FU 加到煮水加热器 EH1 和保温加热器 EH2 的一端，交流电源的 N（零线）端经温控器 ST 加到煮水加热器的另一端，同时交流电源的 N（零线）端经二极管 VD0 和选择开关 SA 加到保温加热器 EH2 的另一端。使煮水加热器和保温加热器两端都有交流电压，而开始加热，如图 8-78 所示。在煮水加热器两端加有 220V 电压，交流 220V 经 VD0 半波整流后变成 100V 的脉动直流电压加到保护加热器上，保温加热器只有 35W。

电热水壶刚开始煮水时，温控器 ST 处于低温状态。此时，温控器 ST 两引线端之间是导通的，为电源供电提供通路，此时，绿灯亮，红灯两端无电压，不亮。

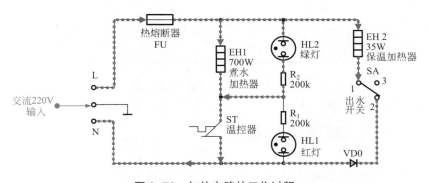

图 8-78　加热电路的工作过程

（2）加热控制

当水瓶中的温度超过 96℃时（水开了），温度控制器 ST 自动断开，停止为煮水加热器供电。此时，保温加热器两端仍有直流 100V 电压，但由于保温加热器电阻值较大，所产生的能量只有煮水加热器的 1/20，因此只起到保温的作用。此时，交流 220V 经 EH1 为红灯供电，红灯亮，此时，由于 EH1 两端压降很小，因而绿灯不亮，如图 8-79 所示。

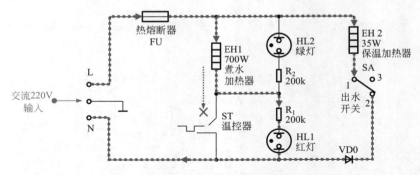

图 8-79　过热保护电路信号处理流程

如果电热水壶中水的温度降低了，温度控制器 ST 又会自动接通，煮水加热器继续加热，始终使水瓶中的水保持在 90℃以上。

（3）电磁泵驱动电路

电磁泵驱动电路也称为出水控制电路，饮水时，操作出水选择开关 SA，使交流电源经过保温加热器和整流二极管 VD0，给桥式整流电路 VD1 ～ VD4 供电，经整流后变成直流电压，并由电容器 C_1 平滑滤波。滤波后的直流电压，经稳压电路变成 12V 的稳定电压，加到电磁泵电动机上，电动机启动，驱动水泵工作，热水自动流出，如图 8-80 所示。

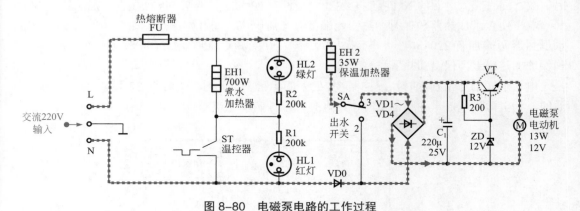

图 8-80　电磁泵电路的工作过程

8.6.10　电饭煲电路的识读

（1）电饭煲的电源供电电路

图 8-81 所示为典型电饭煲的电源供电电路。电源供电电路由热熔断器、降压变压器、桥式整流电路、滤波电容器和三端稳压器等部分构成，AC 220V 经降压变压器降压后，输出低压交流电。低压交流电压再经过桥式整流电路，整流为直流电压后，由滤波电容器进行平滑

滤波，使其变得稳定。为了满足电饭煲中不同电路供电电压的不同需求，经过平滑滤波的直流电压，一部分经过三端稳压器，稳压为 +5V 左右的电压后，再输入到电饭煲的所需的电路中。

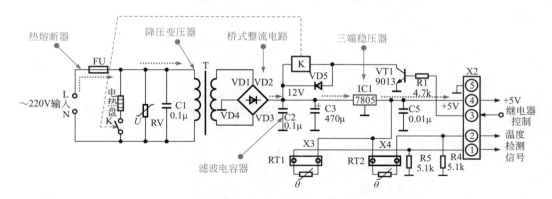

图 8-81　典型电饭煲的电源供电电路（电源供电和控制接口）

AC 220V 市电，送入电路后，通过 FU（热熔断器）将交流电输送到电源电路中。热熔断器主要起保护电路的作用，当电饭煲中的电流过大或电饭煲中的温度过高时，热熔断器熔断，切断电饭煲的供电。

交流 220V 进入到电源电路中，经过降压变压器降压后，输出交流低压。

交流低压经过桥式整流电路和滤波电容，整流滤波后，变为直流低压，直流低压再送到三端稳压器中。

三端稳压器对整流电路输出的直流电压进行稳压后，输出 +5V 的稳定直流电压，稳压 +5V 为微电脑控制电路提供工作电压。

【提示】▶▶▶

对于机械式电饭煲而言，其电源供电电路就比较简单，如图 8-82 所示，为典型机械式电饭煲的电源供电电路。

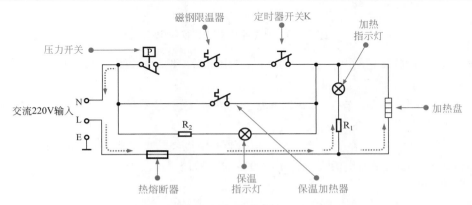

图 8-82　海尔电饭煲的电源供电电路

交流 220V 电源，经过热熔断器进入到电饭煲电路中，为电饭煲的加热盘、指示灯、定时器开关、磁钢限温器等提供工作电压。

（2）电饭煲的操作显示电路

图 8-83 所示典型电饭煲的操作显示电路。从图中可以看出，操作电路与显示电路都由微处理器直接控制。

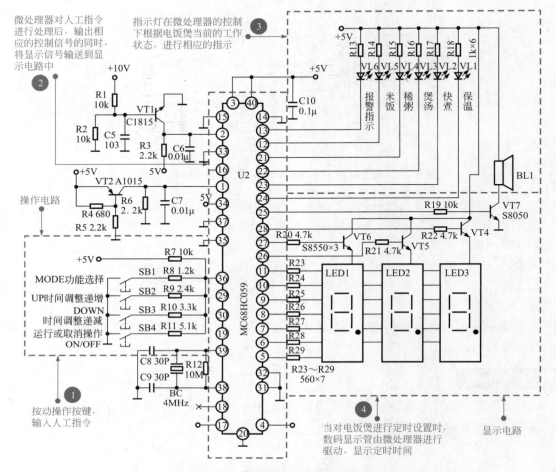

图 8-83　典型电饭煲操作显示电路

① 电饭煲通电后，操作电路有 +5V 的工作电压后，按动电饭煲的操作按键，输入人工指令对电饭煲进行操作。

② 人工指令信号由操作电路输入到微处理器中，微处理器处理后，根据当前的电饭煲工作状态，直接控制指示灯的显示。

③ 指示灯（LED）由微处理器控制，根据当前电饭煲的工作状态，进行相应的指示。

④ 当通过操作电路对电饭煲进行定时设置时，数码显示管通过微处理器的驱动，显示电饭煲的定时时间。

（3）电饭煲的加热控制电路

图 8-84 所示为典型电饭煲加热控制电路图。

① 人工输入加热指令后，微处理器（CPU）为驱动晶体管 Q6 提供了控制信号，使其处于导通状态，即 CPU（微处理器）向驱动晶体管中提供一个"加热驱动信号"。

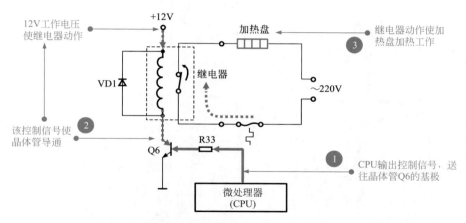

图 8-84　典型电饭煲加热控制电路

② 当晶体管 Q6 导通，12V 工作电压为继电器绕组提供工作电流，使继电器开关触点接通。

③ 继电器中的触点接通以后，AC 220V 电源与加热盘电路形成回路，开始加热工作。

【提示】▶▶▶

　　由于加热盘的供电电压较高，因此，检修加热盘时应先检测加热盘本身及控制电路是否正常。若经检测均正常，再对加热盘的供电电压进行检测，检测加热盘的供电电压时，应注意安全，防止在检修的过程中发生人员触电事故。

　　加热盘控制电路中所采用的驱动晶体管大多数为 NPN 型，在对驱动晶体管进行更换前，要仔细核对驱动晶体管的型号及引脚排列顺序。

（4）电饭煲的保温控制电路

图 8-85 所示为典型电饭煲保温控制电路，通常在电饭煲的电路中找到双向晶闸管及其驱动电路，便找到了电饭煲保温控制电路。

① 炊饭加热状态　图 8-86 所示为炊饭加热器的工作过程。

a. 炊饭加热启动后，CPU 的㊼脚输出高电平，Q3 导通。

b. 继电器 RL 动作，触点接通。

c. 交流 220V 电源经继电器的触点为加热器供电，开始炊饭。

② 保温状态　图 8-87 所示为保温控制电路的简易图。

a. 电饭煲煮熟饭后，会自动进入到保温状态。此时，微处理器为保温组件控制电路输出驱动脉冲信号。

b. 经晶体管 Q2 反相放大后，加到双向晶闸管 TRAC 的触发端，即控制极（G）。

c. 双向晶闸管接收到控制信号后导通。此时，交流 220V 经双向晶闸管为保温加热器供电。

d. 保温加热器有工作电压后，开始进入保温状态。

（5）电饭煲的微电脑控制电路

电饭煲的微电脑控制电路为电饭煲的各个电路提供控制／驱动信号，使电饭煲可以正常地工作。

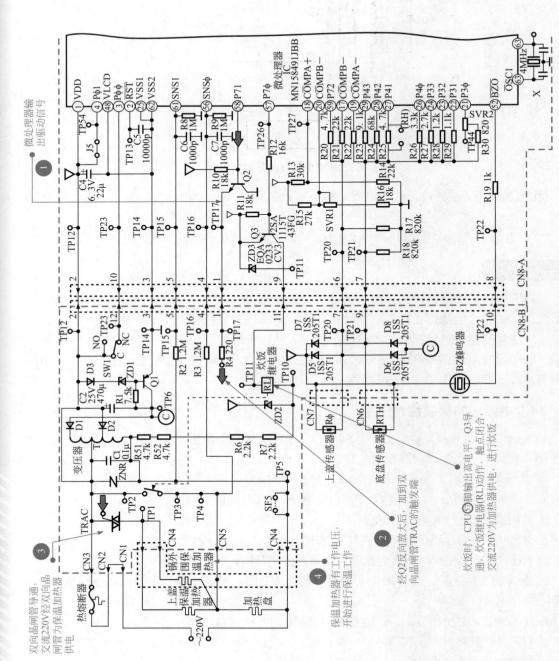

图 8-85 典型电饭煲保温控制电路

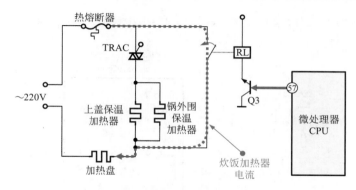

图 8-86 炊饭加热器的工作过程

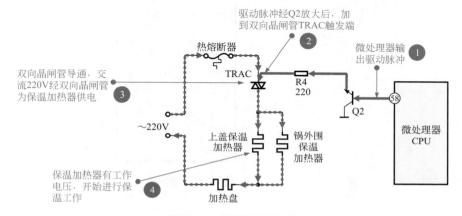

图 8-87 保温控制电路

电源供电电路、复位电路、晶振电路是为微处理器提供基本工作条件的电路，如图 8-88 所示。这些电路不正常，微处理器便不能进入工作状态。

在电饭煲工作时，微电脑控制电路时刻检测电饭煲的工作情况，并能根据传感信息判断电饭煲是否进行关机保护，微处理器根据人工操作指令，输出控制信号，并通过显示电路显示当前工作状态，同时能够自动判断电饭煲的故障部位，进行故障代码的显示等。

微电脑控制电路由低压整流滤波电路送入的 +5V 电压开始工作，微处理器控制芯片的 V_{DD} 端为电源供电端。

谐振晶体与微处理器控制芯片中的振荡电路组成晶振电路，为微电脑控制电路提供时钟信号，其结构如图 8-89 所示。

复位电路为微处理器控制芯片提供复位信号，使芯片内的程序复位。复位电路产生的复位信号加到微处理器芯片的 RESET 端。

8.6.11 微波炉电路的识读

（1）机械控制方式的微波炉电路

采用机械控制装置的微波炉，以定时器作为主要控制部件，由其对微波炉内各功能部件的供电状态及通电时间进行控制，进而实现整机自动加热、停止的功能。

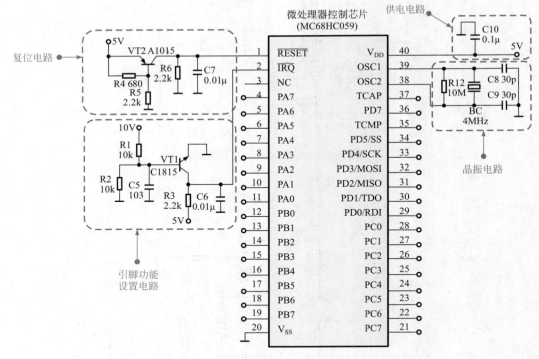

图 8-88　微电脑控制电路原理图

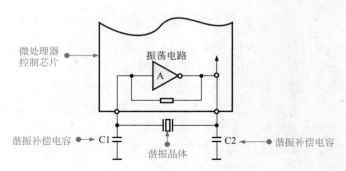

图 8-89　晶振电路的分析

　　图 8-90 为典型机械控制方式微波炉的整机电路。该电路主要是由高压变压器、高压二极管、高压电容和磁控管等部件构成的。

　　由图 8-90 可见，这种电路的主要特点是由定时器控制高压变压器的供电。定时器定时旋钮旋到一定时间后，交流 220V 电压便通过定时器为高压变压器供电。当到达预定时间后，定时器回零，便切断交流 220V 供电，微波炉停机。

　　微波炉的磁控管是微波炉中的核心部件。它是产生大功率微波信号的器件，它在高电压的驱动下能产生 2450MHz 的超高频信号，由于它的波长比较短，因此这个信号被称为微波信号。利用这种微波信号可以对食物进行加热，所以磁控管是微波炉里的核心部件。

　　给磁控管供电的重要器件是高压变压器。高压变压器的初级接 220V 交流电，高压变压

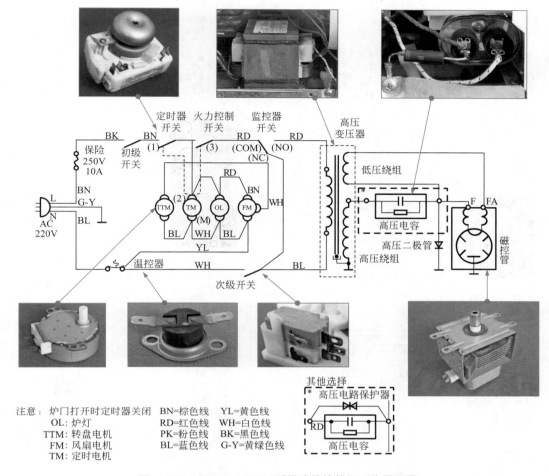

注意：炉门打开时定时器关闭
　　OL: 炉灯
　　TTM: 转盘电机
　　FM: 风扇电机
　　TM: 定时电机

BN=棕色线　　YL=黄色线
RD=红色线　　WH=白色线
PK=粉色线　　BK=黑色线
BL=蓝色线　　G-Y=黄绿色线

图 8-90　LG MG-4987T 型微波炉的整机工作原理图

器的次级有两个绕组，一个是低压绕组，一个是高压绕组，低压绕组给磁控管的阴极供电，磁控管的阴极相当于电视机显像管的阴极，给磁控管的阴极供电就能使磁控管有一个基本的工作条件。高压绕组线圈的匝数约为初级线圈的 10 倍，所以高压绕组的输出电压也大约是输入电压的 10 倍。如果输入电压为 220V，高压绕组输出的电压约为 2000V，这个高压是 50Hz 的，经过高压二极管的整流，就将 2000V 的电压变成 4000V 的高压。当 220V 是正半周时，高压二极管导通接地，高压绕组产生的电压就对高压电容进行充电，使其达到 2000V 左右的电压。当 220V 是负半周时，高压二极管是反向截止的，此时高压电容上已经有 2000V 的电压，高压线圈上又产生了 2000V 左右的电压，加上电容上的 2000V 电压就大约是 4000V 的电压加到磁控管上。磁控管在高压下产生了强功率的电磁波，这种强功率的电磁波就是微波信号。微波信号通过磁控管的发射端发射到微波炉的炉腔里，在炉腔里面的食物由于受到微波信号的作用就可以实现加热。

（2）微电脑控制方式的微波炉电路

采用微电脑控制装置的微波炉，其高压线圈部分和机械控制方式的微波炉基本相同，所不同的是控制电路部分，图 8-91 为典型微电脑控制微波炉的整机电路。

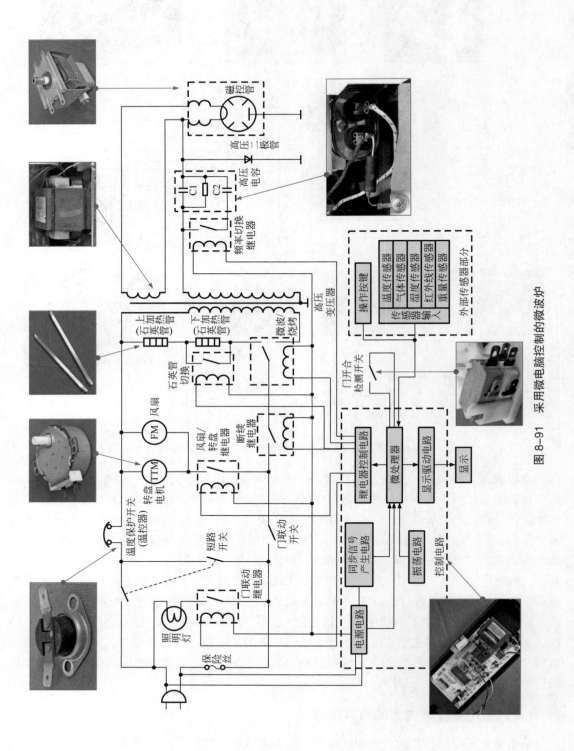

图 8-91 采用微电脑控制的微波炉

采用微电脑控制装置的微波炉的主要器件和采用机械控制装置的微波炉是一样的，即产生微波信号的都是磁控管。其供电电路由高压变压器、高压电容和高压二极管构成。高压电容和高压变压器的线圈产生 2450MHz 的谐振。

从图中可以看出，该微波炉的频率可以调整。即微波炉上有两个挡，当微波炉拨至高频率挡时，继电器的开关就会断开，电容 C2 就不起作用。当微波炉拨至低频率挡时，继电器的开关便会接通。继电器的开关一接通，就相当于给高压电容又增加了一个并联电容 C2，谐振电容量增加，频率便有所降低。

该微波炉不仅具有微波功能，而且还具有烧烤功能。微波炉的烧烤功能主要是通过石英管实现的。在烧烤状态时，石英管产生的热辐射可以对食物进行烧烤加热，这种加热方式与微波不同。它完全是依靠石英管的热辐射效应对食物进行加热。在使用烧烤功能时，微波/烧烤切换开关切换至烧烤状态，将微波功能断开。微波炉即可通过石英管对食物进行烧烤。为了控制烧烤的程度，微波炉中安装有两根石英管，当采用小火力烧烤加热时，石英管切换开关闭合，将下加热管（石英管）短路，即只有上加热管（石英管）工作；当选择大火力烧烤时，石英管切换开关断开，上加热管（石英管）和下加热管（石英管）一起工作对食物进行加热。

在采用微电脑控制装置的微波炉中，微波炉的控制都是通过微处理器控制的。微处理器具有自动控制功能。它可以接收人工指令，也可以接收遥控信号。微波炉里的开关、电机等都是由微处理器发出控制指令进行控制的。

在工作时，微处理器向继电器发送控制指令即可控制继电器的工作。继电器的控制电路有 5 根线，其中一根控制断续继电器，它是用来控制微波火力的。即如果使用强火力，继电器就一直接通，磁控管便一直发射微波对食物进行加热。如果使用弱火力，继电器便会在微处理器的控制下间断工作，例如可以使磁控管发射 30s 微波后停止 20s，然后再发射 30s，这样往复歇间工作，就可以达到火力控制的效果。

第二条线是控制微波/烧烤切换开关，当微波炉使用微波功能时，微处理器发送控制指令将微波/烧烤切换开关接至微波状态，磁控管工作对食物进行微波加热。当微波炉使用烧烤功能时，微处理器便控制切换开关将石英管加热电路接通，从而使微波电路断开，即可实现对食物的烧烤加热。

第三条线是控制频率切换继电器，从而实现对电磁灶功率的调整控制。第四根和第五根线分别控制风扇/转盘继电器和门联动继电器。通过继电器对开关进行控制可以实现小功率、小电流、小信号对大功率、大电流、大信号的控制。同时，便于将工作电压高的器件与工作电压低的器件分开放置，对电路的安全也是一个保证。

在微波炉中，微处理器专门制作在控制电路板上，除微处理器外，相关的外围电路或辅助电路也都安装在控制电路板上。其中，时钟振荡电路是给微处理器提供时钟信号的部分。微处理器必须有一个同步时钟，微处理器内部的数字电路才能够正常工作。同步信号产生器为微处理器提供同步信号。微处理器的工作一般都是在集成电路内部进行，用户是看不见摸不着的，所以微处理器为了和用户实现人工对话，通常会设置显示驱动电路。显示驱动电路将微波炉各部分的工作状态通过显示面板上的数码管、发光二极管、液晶显示屏等器件显示出来。这些电路在一起构成微波炉的控制电路部分。它们的工作一般都需要低压信号，因此需要设置一个低压供电电路，将交流 220V 电压变成 5V、12V 直流低压，为微处理器和相关电路供电。

（1）电话机的振铃电路

振铃电路是主电路板中相对独立的一块电路单元，一般位于整个电路的前端，工作时与主电路板中其他电路断开。

图 8-92 所示为采用振铃芯片 KA2410 的振铃电路。由图可知，该电路主要是由叉簧开关 S、振铃芯片 IC301（KA2410）、匹配变压器 T_1、扬声器 BL 等部分构成的。

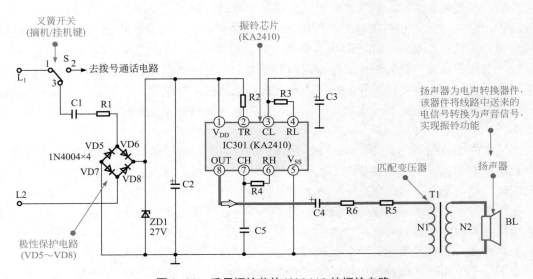

图 8-92 采用振铃芯片 KA2410 的振铃电路

- 当有用户呼叫时，交流振铃信号经外线（L_1、L_2）送入电路中。
- 在未摘机时，摘机/挂机开关触点接在 1 → 3 触点上，振铃信号经电容器 C1 后耦合到振铃电路中，再经限流电阻器 R1、极性保护电路 VD5 ～ VD8、C2 滤波以及 ZD1 稳压后，加到振铃芯片 IC301 的①、⑤脚，为其提供工作电压。
- 当 IC301 获得工作电压后，其内部振荡器起振，由一个超低频振荡器控制一个音频振荡器，并经放大后由⑧脚输出音频振铃信号，经耦合电容 C4 后，由匹配变压器 T1 耦合至扬声器发出铃声。

【提示】▶▶▶

在对电话机振铃电路进行分析时，了解电路中主要集成电路的内部结构或功能特点，对分析电路工作过程和理清信号关系非常有帮助。图 8-93 所示为振铃芯片 KA2410 的内部结构框图。

（2）电话机的听筒通话电路

图 8-94 为由通话集成电路 TEA1062 构成的听筒通话电路。由图可知，该电路主要是由叉簧开关、听筒通话集成电路 IC201（TEA1062）、话筒 BM、听筒 BE 以及外围元件构成的。

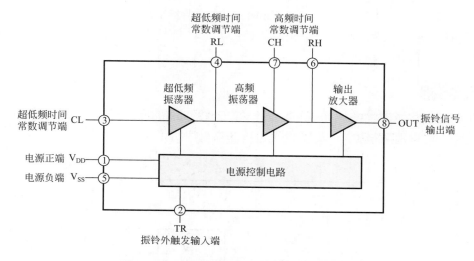

超低频时间常数调节端 RL
高频时间常数调节端 CH RH

超低频时间常数调节端 CL ③

电源正端 V_{DD} ①
电源负端 V_{SS} ⑤

超低频振荡器
高频振荡器
输出放大器

电源控制电路

⑧ OUT 振铃信号输出端

②
TR
振铃外触发输入端

图 8-93　振铃芯片 KA2410 的内部结构框图

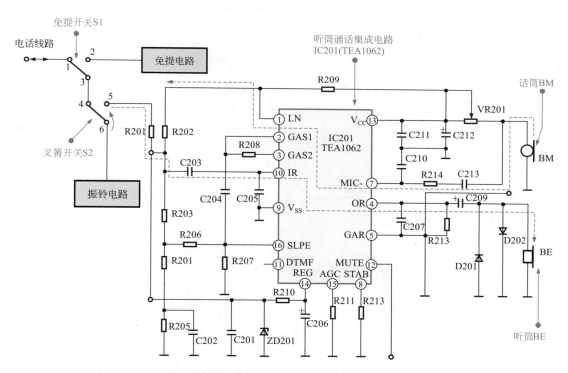

图 8-94　由通话集成电路 TEA1062 构成的听筒通话电路

　　电源从外线送入听筒通话集成电路 IC201 芯片的①脚，同时经电阻器 R209、电容器 C212 滤波后加到芯片的⑬脚，为芯片提供工作电压。

　　当用户说话时，话音信号经话筒 BM、电容器 C213、电阻器 R214 后加到芯片的⑦脚，经 IC201 放大后，由其①脚输出，送往外线；在使用听筒听对方声音时，提起听筒后，叉簧开关 S2 触点 4 → 5 闭合，4 → 6 断开。

　　外线送来的话音信号，经电阻器 R201、C203 后加到 IC201 的⑩脚，经 IC201 芯片内部放大后，由其④脚输出，再经耦合电容 C209 后，送至听筒 BE。

听筒 BE 再将电信号还原出声音信号，便可听到对方声音了。另外，话筒和听筒的音量分别受 VR201 和 R213 调节。

【提示】▶▶▶

听筒通话集成电路 TEA1062 的内部结构方框图如图 8-95 所示，了解该集成电路的内部结构，对弄清电路功能、信号处理过程非常有帮助。

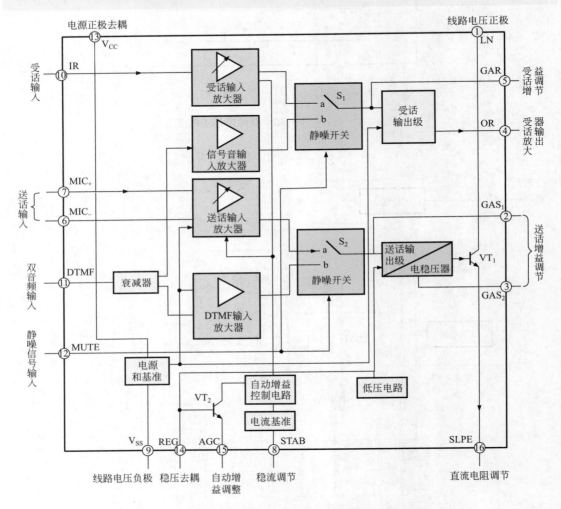

图 8-95　听筒通话集成电路 TEA1062 的内部结构方框图

（3）电话机的免提通话电路

图 8-96 所示为由通话集成电路 MC34018 构成的免提通话电路。由图可知，该电路主要是由免提通话集成电路（MC34018）、话筒 BM、扬声器 BL 及外围元器件构成的。

在免提通话状态下，当用户说话时，话音信号经话筒 BM、电容器 C43 后加到芯片的⑨脚，经 MC34018 放大后，由其④脚输出，送往外线；接听对方声音时，外线送来的话音信号经电容器 C26 后送入芯片 MC34018 的㉗脚，经其内部放大后由⑮脚输出，送至扬声器 BL，发出声音。

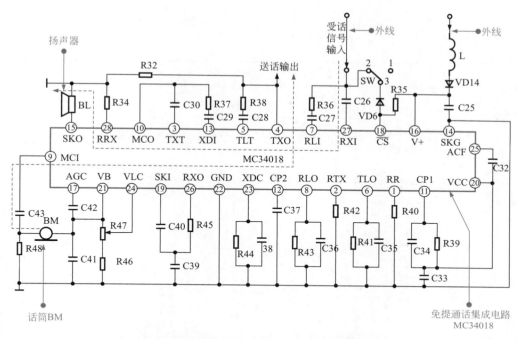

图 8-96　由通话集成电路 MC34018 构成的免提通话电路

【提示】▶▶▶

免提通话集成电路 MC34018 的内部结构方框图如图 8-97 所示。

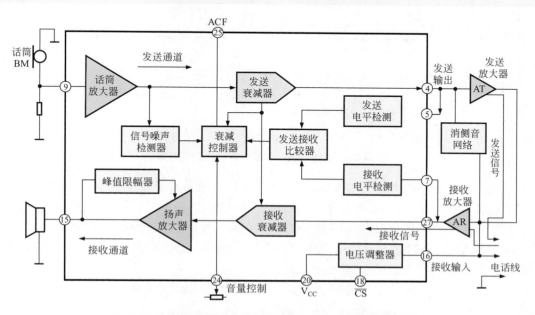

图 8-97　免提通话集成电路 MC34018 的内部结构方框图

（4）电话机的拨号电路

图 8-98 所示为由拨号芯片 KA2608 构成的拨号电路。可以看到，该电路是以拨号芯片 IC6（KA2608）为核心的电路单元，该芯片是一种多功能芯片，其内部包含有拨号控制、时钟及计时等功能。

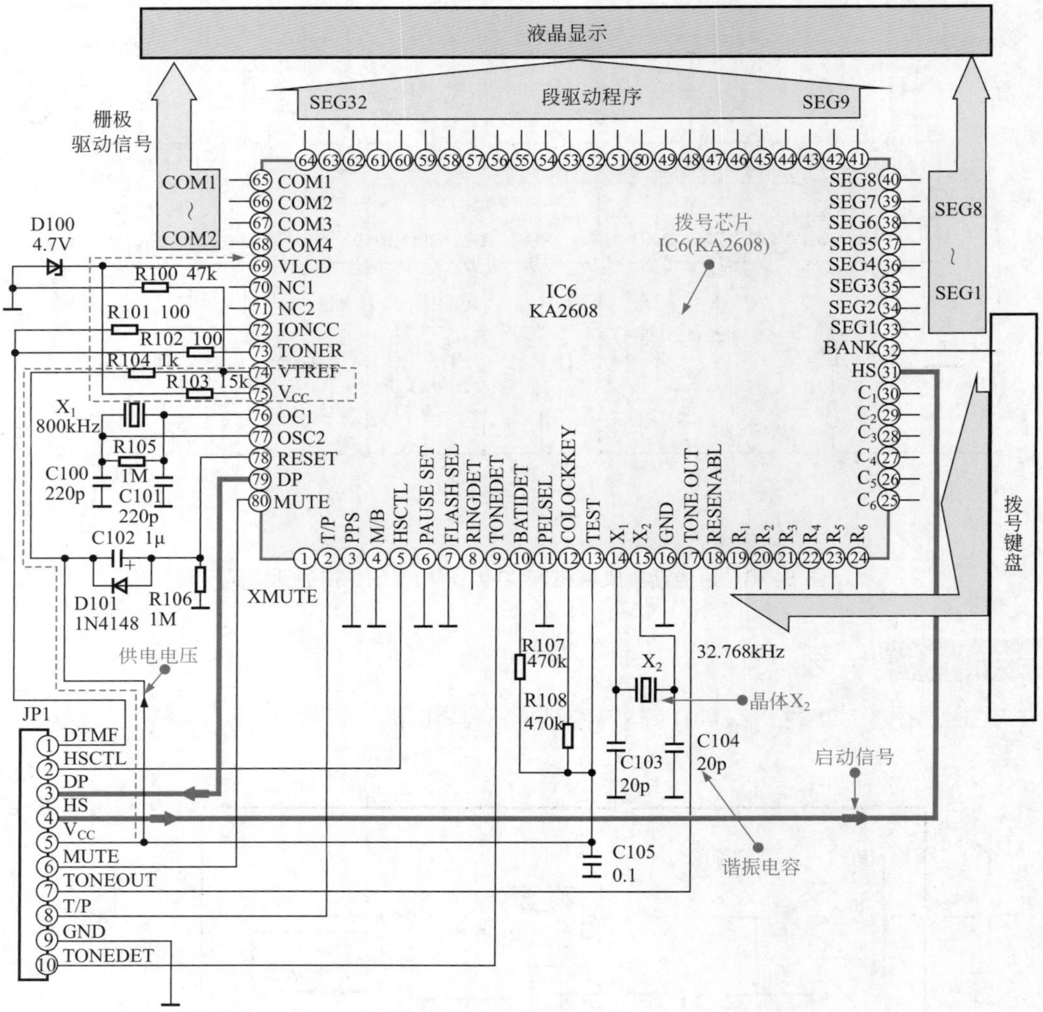

图 8-98　由拨号芯片 KA2608 构成的拨号电路

由图可知，拨号芯片 IC6（KA2608）的㉝～(68)脚为液晶显示器的控制信号输出端，为液晶屏提供显示驱动信号；(69)脚外接 4.7 V 的稳压管 D100，为液晶屏提供一个稳定的工作电压；⑭、⑮脚外接晶体 X_2、谐振电容 C103、C104 构成时钟振荡电路，为芯片提供时钟信号。

IC6（KA2608）的⑲～㉔脚、㉕～㉚脚与操作按键电路板相连，组成 6×6 键盘信号输入电路，用于接收拨号指令或其他功能指令。

另外，IC6（KA2608）的㉛脚为启动端，该端经插件 JP1 的④脚与主电路板相连，用于接收主电路板部分送来的启动信号（电平触发）。

在这里也可以看到，JP1 为拨号芯片与主电路板连接的接口插件，各种信号及电压的传输都是通过该插件进行的，如主电路板送来的 5V 供电电压，经 JP1 的⑤脚后，分为两路，一路直接送往 IC6 芯片的⑬脚，为其提供足够的工作电压；另一路经 R104 加到芯片 IC6 的⑭脚，经内部稳压处理，从其⑮脚输出，经 R103、D100 后为显示屏提供工作电压。

除此之外，IC6 芯片的⑰、⑯脚和晶体 X_1（800kHz）、R105、C100、C101 组成拨号振荡电路，工作状态由其㉛脚的启动电路进行控制。

8.7 报警电路识读

8.7.1 气体检测报警电路

气敏传感器是一种将气体信号转换为电信号的器件，它可检测出环境中某种气体的浓度，并将其转换成不同的电信号，该传感器主要用于可燃或有毒气体泄漏的报警电路中，图 8-99 为典型的气体检测报警电路。

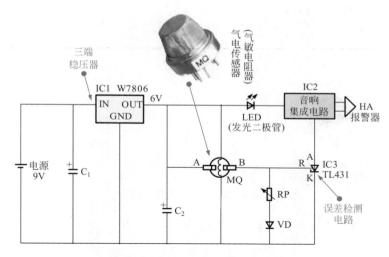

图 8-99　气体检测报警电路

从图 8-99 可看出该气体检测电路采用的是气敏电阻器作为气体检测器件，气敏电阻器是利用电阻值随气体浓度变化而变化这一特性来进行气体测量的。

电路开始工作时，9V 直流电源经滤波电容器 C_1 滤波后，由三端稳压器稳压输出 6V 直流电源，再经滤波电容器 C_2 滤波后，为气体检测控制电路提供工作条件。

在空气中，气敏传感器 MQ 的阻值较大，其 B 端为低电平，误差检测电路 IC3 的输入极 R 电压较低，IC3 不能导通，LED 不能点亮，报警器 HA 无报警声。

当有害气体泄漏时，气敏传感器 MQ 的阻值逐渐变小，其 B 端电压逐渐升高，当 B 端电压升高到预设的电压值时（可通过电位器 RP 进行调节），误差检测电路 IC3 导通，接通音响集成电路 IC2 的接地端，IC2 工作，LED 点亮，报警器 HA 发出报警声。

8.7.2 火灾报警电路

图 8-100 为典型的火灾报警电路。该电路主要是由供电电路、火灾检测电路、驱动控制电路以及报警器等组成。

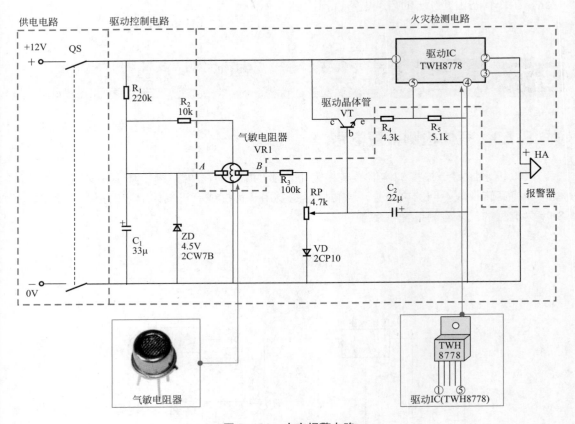

图 8-100 火灾报警电路

该电路中的气敏电阻器 VR1、驱动晶体管 VT、驱动 IC（TWH8778）为火灾报警的核心元件。

气敏电阻器又称为气敏传感器，该电阻器是一种新型半导体元件，这种电阻器是利用金属氧化物半导体表面吸收某种气体分子（烟雾）时，会发生氧化反应或还原反应而使电阻值改变的特性而制成的。

驱动 IC（TWH8778）属于高速集成电子开关，可用于各种自动控制电路中，在定时器、报警器等实际电路中的应用比较广泛。其①脚为输入端，②脚和③脚为输出端，⑤脚为控制端。

当发生火灾时，气敏传感器检测到烟雾。气敏传感器 A、B 两点的电阻值变小，电导率升高，为驱动晶体管 VT 的基极提供工作电压。驱动晶体管 VT 的集电极和发射极导通，为驱动 IC（TWH8778）的⑤脚提供工作电压。驱动 IC（TWH8778）内部开关导通。②脚和③脚输出直流电压为报警器供电，报警器发出报警信号。

缺水报警电路是一种检测储水池中是否缺水的报警电路，储水池在水量较少时，水泵会自动向储水池中注水，同时会通过报警器进行报警。图 8-101 是典型的缺水报警电路。

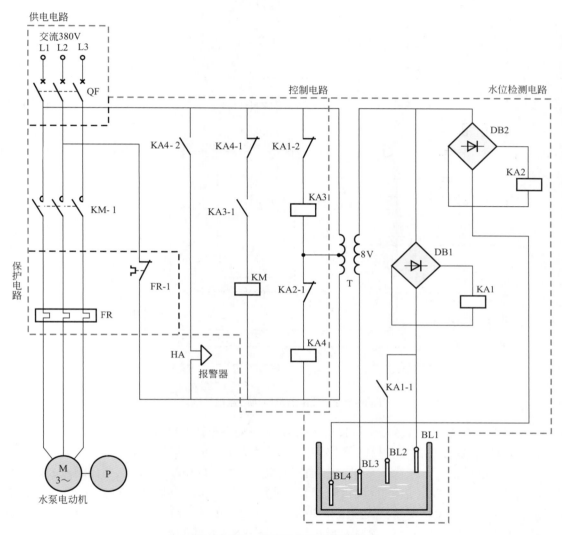

图 8-101　典型的缺水报警电路

缺水报警电路主要是由供电电路、保护电路、水位检测电路、控制电路以及水泵电动机、报警器等组成。

该电路中的继电器 KA1/KA2/KA3/KA4、交流接触器 KM、桥式整流堆 DB1/DB2、液位检测传感器 BL1/BL2/BL3/BL4 以及报警器 HA 为缺水报警电路的核心元件。

当水位低于 BL2 时，电极 BL1 和 BL3 之间无电流流过，继电器 KA1 线圈失电。继电器 KA3 线圈得电，常开触点 KA3-1 闭合。交流接触器 KM 线圈得电，常开主触点 KM-1 闭合。电动机接通三相电源，开始启动运转，带动水泵向储水池注水。

8.7.4　电动机防盗报警电路

图 8-102 为典型的电动机防盗报警电路。该电路主要是由供电电路、保护电路、报警控制电路、电动机控制电路以及三相交流电动机、报警器等组成。

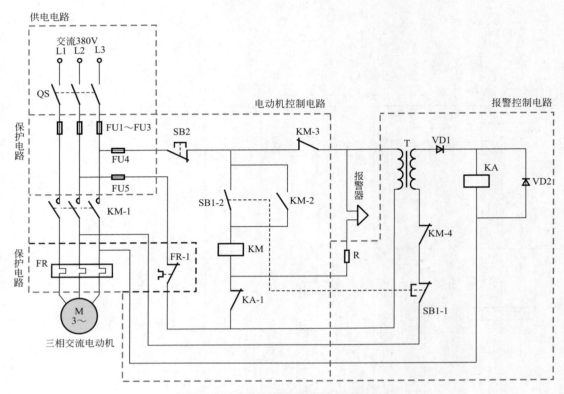

图 8-102　典型的电动机防盗报警电路

该电路中的继电器 KA、交流接触器 KM、启动按钮 SB1（SB1-1 和 SB1-2 为 SB1 的常闭和常开触点）、停止按钮 SB2、变压器 T、报警器为电动机防盗报警电路的核心元件。

启动状态：合上电源总开关 QS，接通三相电源。按下启动按钮 SB1（常闭触点 SB1-1 断开，常开触点 SB1-2 闭合）。交流接触器 KM 线圈得电，常开辅助触点 KM-2 闭合自锁。常开主触点 KM-1 闭合，电动机接通三相电源，开始启动运转。常开辅助触点 KM-3 断开，防止报警器工作。常开辅助触点 KM-4 断开，防止继电器 KA 线圈得电。

8.7.5　湿度检测报警电路

图 8-103 为典型的湿度检测报警电路。该电路主要是由供电电路、控制电路以及报警电路等组成。

该电路中的电源总开关 QS、变压器 T、湿敏电阻器 RS、NE555 时基电路和报警器 HA 为湿度检测报警电路的核心元件。

在湿度较小的环境下，湿敏电阻器 RS 的阻值较大。此时 NE555 的②脚和⑥脚电压较低

（低于电源供电的 1/6），控制 NE555 的③脚输出高电平。报警器两端均为高电平，无法导通，无报警声发出。

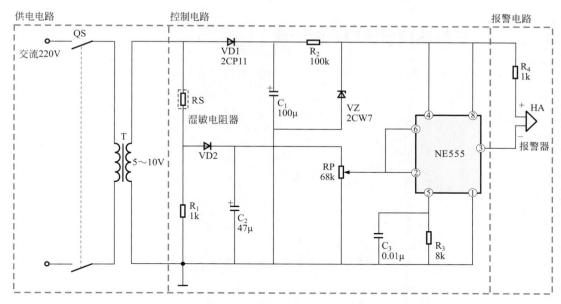

图 8-103　典型的湿度检测报警电路

8.7.6　自动值守防盗报警电路

图 8-104 所示为一种自动值守防盗报警电路，主要用于家庭、仓库等场合下的夜间自动值守。该电路主要由热释电红外传感器、光控电路（RG、RP2、R₄）、报警驱动电路（IC2 及外围元件）等部分构成。

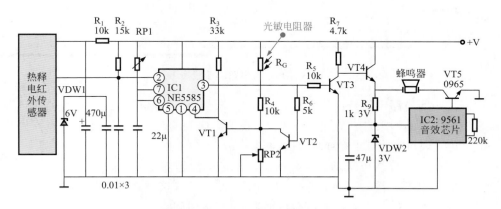

图 8-104　自动值守防盗报警电路

在白天光照强度较高时，光敏电阻器 R_G 呈低阻状态，晶体管 VT1 导通，经报警电路④脚短路；在夜间，R_G 阻值变大，VT1 截止，后级报警电路进入准备报警状态，当有人进入热释电红外传感器探测区域时，IC1 ②脚被触发，由其③脚输出驱动信号，经晶体管放大后，驱动蜂鸣器发出报警声。

8.8.1 三地联控照明电路的识读

图 8-105 为典型的三地联控照明电路。图 8-106 为该电路的接线图。

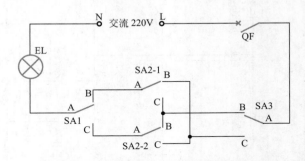

图 8-105 典型的三地联控照明电路

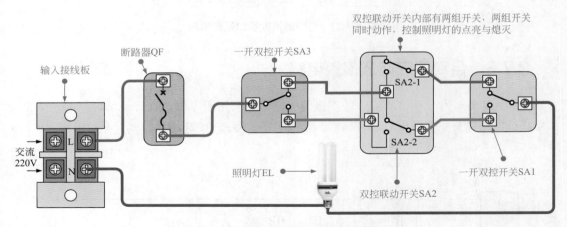

图 8-106 该电路的接线图

三地联控照明电路主要是由两个一开双控开关、一个双控联动开关和一盏照明灯构成，可实现三地联控。例如，将三个开关分别安装在卧室床头的两侧和进门处，任意操控其中一个开关，便可实现对照明灯点亮或熄灭的控制。

对于灯控电路的分析可从功能部件入手，沿信号流程实现对电路的识读。合上断路器 QF，接通 220V 电源。按动开关，以 SA1 为例，A-C 触点接通。电源经 SA3 的 A-B 触点、SA2-2 的 A-B 触点、SA1 的 A-C 触点后与照明灯 EL 形成回路，照明灯点亮。

当需要照明灯熄灭时，按动任意开关（以 SA2 为例）。按动双控联动开关 SA2，内部 SA2-1、SA2-2 触点 A-C 接通、A-B 断开。照明灯 EL 熄灭，停止为室内环境提供照明。

8.8.2 触摸延时照明电路的识读

图 8-107 为典型触摸延时照明控制电路。该电路主要是由触摸延时控制开关和照明灯构成。当轻触触摸延时控制开关，照明灯点亮，然后照明灯会在点亮一段时间后自动熄灭。

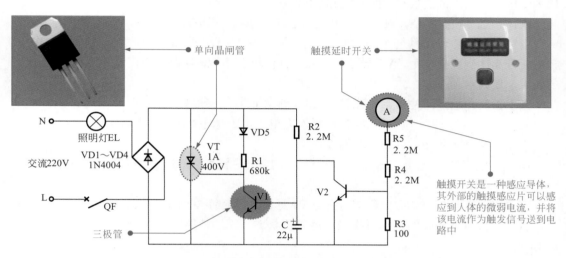

图 8-107　典型触摸延时照明控制电路

【提示】▶▶▶

　　在使用触摸延时开关时，只需轻触一下触摸元件，开关即导通工作，然后延时一段时间后自动关闭；非常便于走廊自动控制照明使用，既方便操控，又节能、环保，同时也可有效地延长照明灯的寿命。

　　触摸元件实际上就是一种金属片，其原理与试电笔基本相同，如图 8-108 所示。在灯控线路中，金属片引脚端经一只电阻器接入电路。当用手触摸金属片时，由于人体是导体，电路中的微弱电流经金属片、人体到地，相当于给电路一个触发信号，电路工作，控制照明灯点亮。

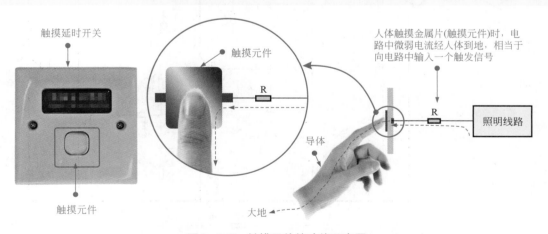

图 8-108　触摸元件的功能示意图

对图 8-107 电路的识读，可从信号处理过程进行分析。

合上断路器 QF，接通 220V 电源，交流 220V 电压经桥式整流堆 VD1～VD4 整流后输出直流电压。直流电压经电阻器 R2 后为电解电容器 C 充电，充电完成后为三极管 V1 提供导通信号，使 V1 导通。充电电压加到 V1 的基极使之导通，集电极接地，晶闸管 VT 的触发端为低电平，处于截止状态，照明灯 EL 不亮。

人体碰触触摸开关 A，触发信号经电阻器 R5、R4 到三极管 V2 的基极，使 V2 导通。

电解电容器 C 经晶体管 V2 放电，此时三极管 V1 基极电压降低而截止。晶闸管 VT 的门极电压升高达到触发电平，VT 导通，与照明灯供电电路形成回路，电流满足照明灯 EL 点亮的需求，使其点亮。

当手指离开触摸开关 A 后，三极管 V2 无触发信号，三极管 V2 截止。

三极管 V2 截止时，电解电容器 C 再次充电。由于电阻器 R2 的阻值较大，导致电解电容器 C 的充电电流较小，其充电时间较长。

在电解电容器 C 充电完成之前，三极管 V1 会保持截止状态，晶闸管 VT 仍处于导通，照明灯 EL 继续点亮。

当电解电容器 C 充电完成后，三极管 V1 导通，晶闸管 VT 的触发电压降低而截止。

照明灯供电电路中的电流再次减小至等待状态，无法使照明灯 EL 维持点亮，导致照明灯 EL 熄灭。

8.8.3　声光双控延时照明电路的识读

声光双控延迟照明控制线路是指通过声波传感器和光敏器件控制照明灯的电路。白天光照较强，即使有声音，照明灯也不亮；当夜晚降临或光照较弱时，可通过声音控制照明灯点亮，并可以实现延时一段时间后自动熄灭的功能。

图 8-109 为声光双控延迟照明控制线路，该控制线路中总断路器 QF、桥式整流电路

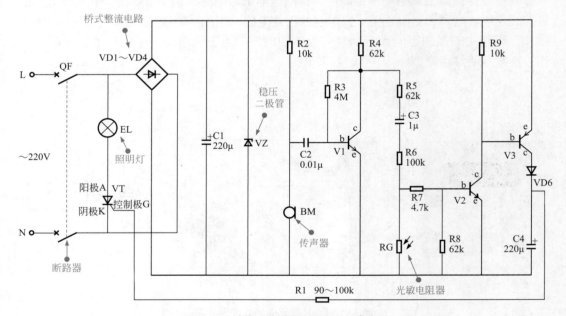

图 8-109　声光双控延迟照明控制线路

VD1 ～ VD4、晶闸管 VT、晶体管 V1/V2/V3、光敏电阻器 RG、传声器 BM 为核心元件。

白天光照强度比较强时,光敏电阻器 RG 阻值较小。当传声器有声音信号输入时,该信号经三极管 V1 放大后,再经 R5、C3、R6 以及光敏电阻器 RG 直接到地。使三极管 V2 的基极锁定在低电平状态,无法导通。三极管 V3 和晶闸管 VT 也处于截止状态,照明灯 EL 不亮。

当夜晚光照比较弱时,光敏电阻器 RG 的阻值增大。当传声器接收到声音信号时,该信号加到三极管 V1 的基极上。经三极管 V1 的集电极放大后输出,经 R5、C3、R6、R7 后,送到三极管 V2 和 V3 的基极上。三极管 V2 和 V3 导通,使二极管 VD6 和晶闸管 VT 导通,照明灯被点亮。

8.8.4 声控照明电路的识读

声控照明控制电路是指利用声音感应器件和晶闸管对照明灯的供电进行控制,利用电解电容器的充、放电特性实现延时的作用。

图 8-110 为典型的声控照明控制线路。该电路主要由声音感应器件、控制电路和照明灯等构成,通过声音和控制电路控制照明灯的点亮和延时自动熄灭。

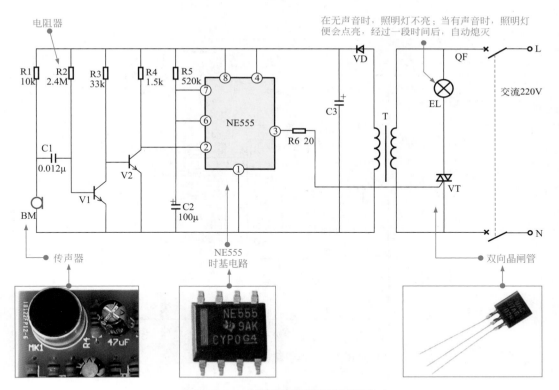

图 8-110 典型的声控照明控制线路

合上总断路器 QF,接通交流市电电源,电压经变压器 T 降压,整流二极管 VD 整流,滤波电容器 C3 滤波后变为直流电压。

直流电压为 NE555 时基电路的⑧脚提供工作电压。无声音时，NE555 时基电路的②脚为高电平，③脚输出低电平，VT 处于截止状态。有声音时，传声器 BM 将声音信号转换为电信号。该信号经电容器 C1 后送往晶体管 V1 的基极，由 V1 对信号进行放大，再经 V1 的集电极送往晶体管 V2 的基极，使 V2 输出放大后的音频信号。

晶体管 V2 将放大后的音频信号加到 NE555 时基电路的②脚，此时 NE555 时基电路受到信号的作用，③脚输出高电平，双向晶闸管 VT 导通。交流 220V 市电电压为照明灯 EL 供电，照明灯 EL 开始点亮。

当声音停止后，晶体管 V1 和 V2 无信号输出，但电容器 C2 的充电使 NE555 时基电路⑥脚的电压逐渐升高。当电压升高到一定值后（8V 以上，2/3 的供电电压），NE555 时基电路内部复位，由③脚输出低电平，双向晶闸管 VT 截止，照明灯 EL 熄灭。

8.8.5 景观照明控制电路的识读

图 8-111 为典型景观照明控制电路。可以看到，该电路主要由景观照明灯和控制电路（由各种电子元器件按照一定的控制关系连接）构成。

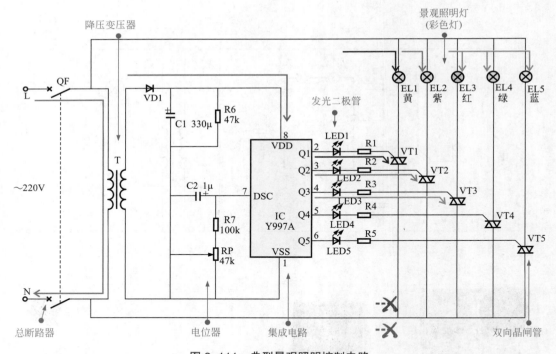

图 8-111 典型景观照明控制电路

合上总断路器 QF，接通交流 220V 市电电源。交流 220V 市电电压经变压器 T 变压后变为交流低压。交流低压再经整流二极管 VD1 整流，滤波电容器 C1 滤波后变为直流电压。

直流电压加到 IC（Y997A）的⑧脚，提供工作电压。IC 的⑧脚有供电电压后，内部电路开始工作，②脚首先输出高电平脉冲信号，使 LED1 点亮。同时，高电平信号经电阻器 R1 后，加到双向晶闸管 VT1 的控制极上，VT1 导通，彩色灯 EL1（黄色）点亮。此时，IC 的 ③脚、④脚、⑤脚、⑥脚输出低电平脉冲信号，外接的晶闸管处于截止状态，LED 和彩色灯不亮。

一段时间后，IC 的③脚输出高电平脉冲信号，LED2 点亮。同时，高电平信号经电阻器 R2 后，加到双向晶闸管 VT2 的控制极上，VT2 导通，彩色灯 EL2（紫色）点亮。此时，IC 的②脚和③脚输出高电平脉冲信号，有两组 LED 和彩色灯被点亮，④脚、⑤脚和⑥脚输出低电平脉冲信号，外接晶闸管处于截止状态，LED 和彩色灯不亮。依次类推，当 IC 的输出端 ②～⑥脚输出高电平脉冲信号时，LED 和彩色灯便会被点亮。由于②～⑥脚输出脉冲的间隔和持续时间不同，双向晶闸管触发的时间也不同，因而 5 个彩灯便会按驱动脉冲的规律发光和熄灭。IC 内的振荡频率取决于⑦脚外的时间常数电路，微调 RP 的阻值可改变振荡频率。

8.8.6 夜间自动 LED 广告牌装饰灯控制电路的识读

夜间自动 LED 广告牌装饰灯控制电路可用于小区庭院、马路景观照明及装饰照明的控制，通过逻辑门电路控制不同颜色的 LED 广告灯有规律地亮、灭，起到宣传告示的作用。

图 8-112 为典型夜间自动 LED 广告牌装饰灯控制电路。

合上电源总开关 QS，接通交流 220V 市电电源，交流 220V 市电电压经桥式整流电路 VD1 ～ VD4 整流后输出直流电压，为显示电路供电。

整流输出的直流电压经电阻器 R1 降压，稳压二极管 VS 稳压，滤波电容器 C1 滤波后，产生 6V 直流电压，为六非门电路 CD4069 提供工作电压（⑭脚送入）。

六非门电路 CD4069 工作后，D5 与 D6 两个非门（反相器）与电容、电阻构成脉冲振荡电路，由⑩脚和⑬脚输出低频振荡信号，低频振荡脉冲加到 CD4069 的⑨脚，经电阻器 R2 后加到③脚。

⑨脚输入的振荡信号经反相后由⑧脚输出，再送入①脚中。

六非门电路 CD4069 的⑤脚输入振荡信号后，经反相后由⑥脚输出，输出的振荡信号与④脚输出的振荡信号相反。

振荡信号经可变电阻器 RP5 后送往驱动三极管 V4 的基极，使三极管 V4 工作在开关状态下，从而交替导通。

振荡信号为高电平时 V4 导通，发光二极管 LED4 和 LED8 便会发光，振荡信号为低电平时 V4 截止，发光二极管 LED4 和 LED8 便会熄灭。

此时，LED3 和 LED7、LED4 和 LED8 在振荡信号的作用下便会交替点亮和熄灭。

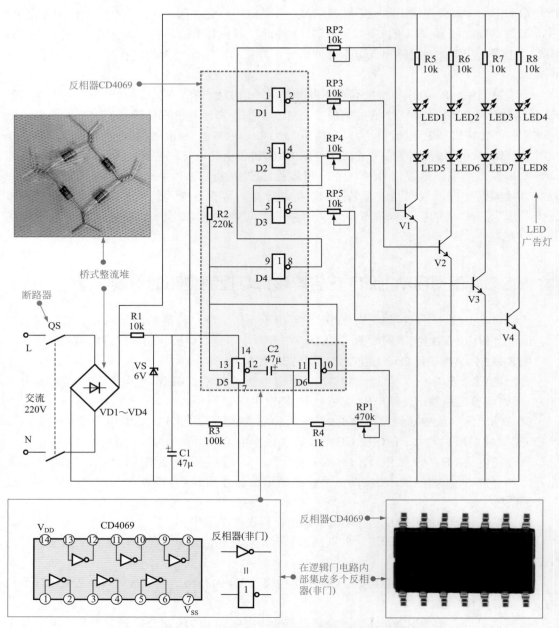

图 8-112 典型夜间自动 LED 广告牌装饰灯控制电路